X 射线多晶衍射数据 Rietveld 精修及 GSAS 软件入门

郑振环　陈玉龙　编著

中国建材工业出版社

北　京

图书在版编目（CIP）数据

X射线多晶衍射数据 Rietveld 精修及 GSAS 软件入门 / 郑振环，陈玉龙编著. — 北京：中国建材工业出版社，2024.3

ISBN 978-7-5160-4060-7

Ⅰ. ①X⋯ Ⅱ. ①郑⋯ ②陈⋯ Ⅲ. ①多晶－X射线衍射－研究 Ⅳ. ①O721

中国国家版本馆 CIP 数据核字（2024）第 028092 号

内 容 简 介

Rietveld 法全谱拟合已成为 X 射线多晶衍射修正晶体结构的重要方法。本书共为四章，侧重从操作示例来介绍 Rietveld 法的原理和精修基本过程。第一章简要介绍了 Rietveld 法结构精修的发展概况和基本原理。第二章主要介绍 EXPGUI-GSAS 软件安装和界面。第三章简要介绍 Rietveld 法 X 射线多晶衍射数据的实验技术，以简单的例子演示 EXPGUI-GSAS 软件 Rietveld 精修的基本过程、精修结果的提取以及图谱的绘图，并给出了空间群设定问题的解决、精修角度范围设定和定制 EX-PGUI 等内容。第四章给出了五个提高练习示例，包括仪器参数文件的建立、含非晶混合物的定量分析、Le Bail 法拟合及占位修正、峰形参数计算晶粒尺寸和微观应变以及批量精修等。

本书具有很强的实用性，可以作为材料、化学以及地质等领域使用 Rietveld 法进行结构精修的研究人员的入门参考书，也可以作为本科生、研究生教学的实验教材。

X射线多晶衍射数据 Rietveld 精修及 GSAS 软件入门
X SHEXIAN DUOJING YANSHE SHUJU RIETVELD JINGXIU JI GSAS RUANJIAN RUMEN
郑振环　陈玉龙　编著

出版发行：中国建材工业出版社
地　　址：北京市海淀区三里河路 11 号
邮　　编：100831
经　　销：全国各地新华书店
印　　刷：北京雁林吉兆印刷有限公司
开　　本：710mm×1000mm　1/16
印　　张：9
字　　数：150 千字
版　　次：2024 年 3 月第 1 版
印　　次：2024 年 3 月第 1 次
定　　价：**39.80 元**

再版说明

  《X 射线多晶衍射数据 Rietveld 精修及 GSAS 软件入门》一书自 2016 年出版至今已有八年，承蒙读者厚爱，迄今已重印 4 次。经过八年，书中的部分网站链接失效，部分引用数据已更新。蒙中国建材工业出版社抬爱，支持为本书进行再版。虽然本书中采用的软件 EXPGUI-GSAS 目前已停止更新，也有了新版本 GSAS-Ⅱ，但 EXPGUI-GSAS 目前还是有大量的使用者，功能仍能满足多晶衍射数据 Rietveld 精修的需要，因此本书再版时仍采用 EXPGUI-GSAS。再版书主要更新了一些网站链接以及部分引用数据，同时明确了软件和教程下载二维码的所在页数。为了丰富本书内容，再版时另外增加了 3.4 节空间群设定问题及图谱精修范围设定、3.5 节定制 EXPGUI、4.4 节计算晶粒大小及微观应变、4.5 节利用已有 EXP 进行单个数据及批量精修等内容。增补的内容由陈玉龙编写。

  由于编者水平有限，书中难免还有缺点和错误，敬请读者批评指正。

作 者

2024 年 1 月

前 言

X射线多晶衍射技术用于分析材料的相结构、相组成、晶粒大小、晶粒取向以及微结构等，是研究多晶材料结构与性能间关系的重要手段，广泛应用于材料、化学、物理、地质、建筑、航空航天以及医药等领域。但是X射线多晶衍射具有固有的缺点，衍射峰重叠严重，丢失了大量有用的结构信息。1967年荷兰晶体学家Hugo M. Rietveld提出利用计算机对中子多晶衍射数据进行全谱拟合的方法，克服了过去多晶衍射数据仅利用积分强度的不足，充分利用了衍射谱的所有信息，可以获得多晶材料的结构信息。1977年，Rietveld法扩展到了X射线多晶衍射数据的分析。随着计算机的发展和普遍应用，Rietveld法得到了完善和广泛应用，目前已经成为X射线多晶衍射修正晶体结构的重要方法。

本书内容总共包含四章，侧重从操作示例介绍Rietveld法的基本原理和精修过程。第1章简要介绍Rietveld法结构精修的发展概况、基本原理、精修策略及主要应用。第2章主要介绍常用精修软件EXPGUI-GSAS的安装、使用界面以及各种参数的意义。第3章简要介绍精修用X射线多晶衍射数据的测定要求以及实验条件的选择，并以简单例子演示EXPGUI-GSAS软件的操作过程、精修结果的提取以及精修图谱的绘制。第4章给出三个提高练习示例，包括创建仪器参数文件、含非晶混合物的定量分析以及占位修正等。

本书可以作为材料、化学以及地质等领域学习X射线多晶衍射数据Rietveld法结构精修和GSAS软件的入门参考资料，也可以作为本科生、研究生的实验教材。

本书第1章由李强教授编写，第2~4章由郑振环编写。书中一些具体数据和操作示例来源于一些已经发表的文献，在此向原作者表示感谢。

由于作者的水平有限，书中难免存在错误和不足之处，诚恳地希望广大读者批评指正。

作 者

2016年4月

CONTENTS

 目录

1 Rietveld 法结构精修

1.1 Rietveld 法结构精修发展概况

Rietveld 法结构精修是荷兰晶体学家 Hugo M. Rietveld 在 1967 年提出的一种用多晶衍射数据全谱拟合修正晶体结构的方法。该方法在给定初始晶体结构模型和参数的基础上,利用一定的峰形函数来计算多晶衍射谱,用最小二乘法不断调整晶体结构参数和峰形参数,使计算谱和实验谱相符合,从而获得修正的结构参数。

多晶衍射法具有固有的缺点:其衍射峰重叠比较严重,从而引起晶体结构信息的损失。由于难以分离得到精确的衍射强度值,利用多晶衍射数据获得晶体结构准确数据往往比较困难。长期以来,晶体结构信息通常由单晶衍射获得。1967 年 Rietveld 根据中子多晶衍射数据,首次提出由逐点扫描获得峰形强度对晶体结构进行修正的方法。该方法采用计算机程序逐点比较计算值和实验值,通过调整结构参数和峰形参数使计算谱和实验谱相符,从而获得修正的晶体结构。该方法通过一定的间隔点取衍射数据,从一个衍射峰可以取若干个强度数据点,从而有足够多的衍射强度点,克服了以往多晶衍射只能使用衍射峰的总积分强度、损失峰形信息的缺点。由于多晶衍射比单晶衍射制样容易且实验技术简单,多晶衍射数据 Rietveld 法结构修正很快引起人们的关注。由于中子衍射峰形简单、对称性较好,且基本符合高斯分布,在 20 世纪 70 年代初,Rietveld 法结构精修在中子多晶衍射修正晶体结构方面得到了广泛的应用。1977 年,Rietveld 法全谱拟合修正晶体结构成功应用于 X 射线多晶衍射。20 世纪 80 年代,随着高分辨同步辐射多晶衍射的发展,衍射图谱的准确性和分辨率得到了提高,Rietveld 法得到了很大的发展。另外,Rietveld 法在理论上也得到了发展,扩展至多晶粗结构的从头测定。到 20 世纪 90 年代,文献上已有许多这方面工作的报道,采用 Rietveld 全谱拟合修正了近 2000 个晶体结构。目前,Rietveld 法除了修正晶体结构外,还扩展至多晶衍射传统应用领域的定量分析、晶粒度测定和微结构分析等方面。

应用 Rietveld 法进行多晶结构修正的主要辐射源有中子源、常规密封管 X 射线和同步辐射等。从目前的应用来看，常规 X 射线多晶衍射的准确度不如中子衍射和同步辐射，主要是由于峰形函数较为复杂，还没有一个普遍适用的表达式，但其仪器配备数量众多，实验数据易于获得，Rietveld 法结构精修中较大一部分是常规 X 射线多晶衍射的结果。

1.2　Rietveld 法基本原理

图 1-1 给出了 CeO_2 多晶衍射谱的 Rietveld 法精修结果示例。一张多晶衍射谱可以看成是由具有一定强度和强度分布的若干衍射峰组成。Rietveld 法在全谱范围内以一定的 2θ 间隔（如 $0.01°$）对实验测得的衍射强度（Y_o）进行离散化，获得 $2\theta_i$-Y_{oi} 数据列。在假定晶体初始结构已知的基础上，以一定的结构参数和峰形参数通过理论计算对应 $2\theta_i$ 下的强度值 Y_{ci}，通过最小二乘法不断调整修正参数使计算强度值和实验值的差值 M 最小，从而获得修正后的晶体结构参数和其他峰形信息。离散条件下，差值 M 的计算公式为：

$$M = \sum_i W_i (Y_{oi} - Y_{ci})^2 \tag{1-1}$$

式中，W_i 为基于统计的权重因子，Y_{lim} 为最低强度值的四倍。当 $Y_{oi} > Y_{lim}$ 时，$W_i = 1/Y_{oi}$；当 $Y_{oi} \leqslant Y_{lim}$ 时，$W_i = 1/Y_{lim}$。

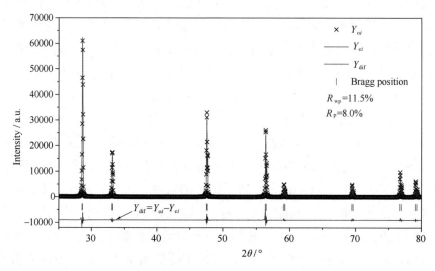

图 1-1　CeO_2 多晶衍射谱 Rietveld 法精修结果示例

通过理论计算衍射强度值 Y_{ci}，需要知道不同晶面（HKL）衍射峰的位置（$2\theta_k$）、积分强度（I_k）以及强度分布 [下标 k 表示晶面指数（HKL）的缩写，代表一个衍射]。其中衍射峰的位置和积分强度可以通过晶体的结构参数和原子组成计算出来，而强度分布与实验条件关系密切，很难使用理论计算，Rietveld 法采用经验上设定的特定峰形函数（G_k）表示。在 $2\theta_i$ 处的强度值 Y_{ci} 采用下式计算：

$$Y_{ci} = S\sum_k L_k \mid F_k \mid^2 G_{ki}(2\theta_i - 2\theta_k)P_k A^*(\theta) + Y_{bi} \tag{1-2}$$

式中，S 为标度因子或比例因子，L_k 为洛伦兹因子、偏振因子和多重性因子的乘积，P_k 为择优取向函数，$A^*(\theta)$ 为试样吸收系数的倒数，F_k 为（HKL）衍射的结构因子（包括温度因子在内），Y_{bi} 为背底强度。衍射峰位置 $2\theta_k$ 根据布拉格衍射公式由晶面间距 d_k 计算：

$$2d_k \sin\theta_k = n\lambda \tag{1-3}$$

式中，n 为衍射级数，λ 为入射的 X 射线波长。衍射峰的晶面间距 d_k 根据初始结构模型的晶胞参数（a，b，c，α，β，γ）以及晶面指数（HKL）计算：

$$\frac{1}{d_k^2} = \frac{1}{v^2}[H^2b^2c^2\sin^2\alpha + K^2a^2c^2\sin^2\beta + L^2a^2b^2\sin^2\gamma + 2HKabc^2 \tag{1-4}$$

$$(\cos\alpha\cos\beta - \cos\gamma) + 2KLa^2bc(\cos\beta\cos\gamma - \cos\alpha) + 2HLab^2c$$

$$(\cos\gamma\cos\alpha - \cos\beta)]$$

$$v = abc(1 + 2\cos\alpha\cos\beta\cos\gamma - \cos^2\alpha - \cos^2\beta - \cos^2\gamma)^{1/2} \tag{1-5}$$

在 Rietveld 法中选择合适的峰形函数 G_k 是全谱拟合成功的一个关键因素。X 射线多晶衍射谱的峰形由仪器因素和样品因素形成。一般认为，前者与高斯函数大致近似，后者可以使用洛伦兹函数描述。因此，通过高斯函数和洛伦兹函数的组合，可以很好地拟合衍射峰形。表 1-1 列出了几种 X 射线多晶衍射峰形函数，其中应用广泛的为 Pseudo-Voigt 和 Pearson Ⅶ 函数。Pseudo-Voigt 函数由高斯函数和洛伦兹函数按（$1-\eta$）/ η 比例简单地线性组合而成。Pearson Ⅶ 函数改变指数 m 可以调整高斯函数和洛伦兹函数的比重。

峰形函数中，衍射峰的半高宽 H_k 是其重要的参数。不同衍射峰的 H_k 并不相同，而是随着 θ 改变，其关系可用 Caglioti 方程表示：

$$H_k^2 = U\tan^2\theta_k + V\tan\theta_k + W + P/\cos^2\theta_k \tag{1-6}$$

式中，U、V、W 和 P 是修正参数。

背底强度 Y_{bi} 可以通过在实测图谱中选择一些点进行线性插值或通过特定背底函数得到。前者适用于衍射峰分离较好的情况，后者用于背底随着 2θ 改变的情况，一般为低阶多项式，如：

$$Y_{bi} = \sum_m B_m (2\theta_i)^m \tag{1-7}$$

式中，B_m 是系数，在背底拟合过程中确定，m 为多项式项数。

表 1-1 常用的 X 射线多晶衍射峰形函数

函数名称	函数表达式
Gaussian（G）	$\dfrac{2\sqrt{\ln(2)}}{\sqrt{\pi}H_k}\exp\left[\dfrac{-4\ln(2)}{H_k^2}(2\theta_i - 2\theta_k)^2\right]$
Lorentzian（L）	$\dfrac{2}{\pi H_k}\left[1 + \dfrac{4}{H_k^2}(2\theta_i - 2\theta_k)^2\right]^{-1}$
Pseudo-Voigt	$\eta L + (1-\eta)G$
Pearson Ⅶ	$\dfrac{2\sqrt{m}(2^{1/m}-1)^{1/2}}{H_k\sqrt{(m-0.5)\pi^{1/2}}}\left[1 + 4(2^{1/m}-1)\dfrac{(2\theta_i - 2\theta_k)^2}{H_k^2}\right]^{-m}$

由于多晶样品在制备过程中难免会形成择优取向，因此有时还需要对衍射强度进行择优取向校正。校正函数 P_k 有多种形式，例如：

$$P_k = \exp(-G\alpha_k^2) \tag{1-8}$$

$$P_k = \exp[G(\pi/2 - \alpha_k)^2] \tag{1-9}$$

$$P_k = (G^2\cos^2\alpha + \sin^2\alpha_k/G)^{-1.5} \tag{1-10}$$

式中，G 为择优取向修正参数，α_k 为择优取向晶面与衍射面间的夹角。

在式（1-2）中，结构因子 F_k 由式（1-11）给出：

$$F_k = \sum_j N_j f_j \exp[2\pi i(Hx_j + Ky_j + Lz_j)]\exp(-M_j) \tag{1-11}$$

$$M_j = 8\pi^2 u_s^2 \sin^2\theta_i/\lambda^2 \tag{1-12}$$

式中，x_j、y_j 和 z_j 是第 j 原子的位置参数，N_j 是占位多重性因子，u_s^2 是第 j 原子平行于衍射矢量的热位移均方根。

1.3 参数修正顺序与结果判据

1.3.1 参数修正的顺序

根据上述基本原理可知，Rietveld 法需要修正的参数众多，可以分成结构参数和峰形参数两类。结构参数有晶胞参数、原子坐标、温度因子、原子占位分数和标度因子等，峰形参数有峰宽参数、不对称参数、择优取向参数、背底参数、消光校正、试样偏离及零位校正等。在具体操作过程中，这些参数逐一释放参与修正，表 1-2 给出了参数修正的建议顺序。当然，在实际软件操作过程中，并没有固定的精修顺序，需要在修正过程中根据精修结果调整修正顺序，可参考后续章节的示例操作。

表 1-2 Rietveld 法参数修正的建议顺序

参数	线性	稳定性	修正顺序	备注
标度因子	是	稳定	1	如果结构模型不正确，比例常数可能是错的
试样偏离	否	稳定	1	如果试样非无限吸收，将引起零点偏离
平直背底	是	稳定	2	—
点阵常数	否	稳定	2	如果给定的点阵常数不正确，将引起衍射峰位错误，从而导致虚假最小 R 值
复杂背底	否	稳定	2 或 3	如果背底参数多于模拟需要，将可能引起偏差相互抵消，导致修正失败
W	否	差	3 或 4	U、V、W 具有高的关联性，不同数值的组合可能会导致实质上相同的结果
原子位置	否	好	3	图示和衍射指数可以评估是否存在择优取向
占有率和温度因子	否		4	两者具有关联性
U、V 等	否	不稳定	最后	U、V、W 具有高的关联性，不同数值的组合可能会导致实质上相同的结果
温度因子各向异性	否	不稳定	最后	—
仪器零点	否	稳定	1 或 4 或不修正	对于稳定的测角仪，零点偏差不具重要意义，试样的不完全吸收也会引起零点偏离

1.3.2 精修的数值判据

为了判断精修过程中参数调整是否合适，根据计算谱和实验谱数据设计出一些数值判据，称为 R 因子，有以下几种：

$$R_F = \sum_k \left| \sqrt{I_{ok}} - \sqrt{I_{ck}} \right| / \sum_k \sqrt{I_{ok}} \tag{1-13}$$

$$R_B = \sum_k \left| \sqrt{I_{ok}} - \sqrt{I_{ck}} \right| / \sum_k I_{ok} \tag{1-14}$$

$$R_p = \sum |Y_{oi} - Y_{ci}| / \sum Y_{oi} \tag{1-15}$$

$$R_{wp} = [W_i (Y_{oi} - Y_{ci})^2 / W_i Y_{oi}^2]^{1/2} \tag{1-16}$$

$$R_E = [(N - P) / W_i Y_{oi}^2]^{1/2} \tag{1-17}$$

$$\chi^2 = (R_{wp} / R_E)^2 \tag{1-18}$$

式中，N 为实验谱数据点数目，P 为修正的参数数目。

在这些数值判据中，精修结果最常给出的为 R_p 和 R_{wp}。其中判据 R_{wp} 根据 Y_{oi} 和 Y_{ci} 计算，反映的是计算值和实验值之间的差别，最能反映拟合的优劣，在精修过程中指示着参数调整的方向。一般认为，R_{wp} 值低于 10％精修结果是可靠的。R_F 和 R_B 是根据衍射峰的积分强度计算，由于积分强度是由结构参数计算，因此该因子用于判断结构模型正确性。另一个重要的数值判据是拟合优度 χ，由 R_{wp} 及其期望值 R_E 计算，用于判断拟合的质量，其理想值为 1。当 χ 为 1.0～1.3 时，可以认为修正结果是满意的；如果 $\chi > 1.5$，说明结构模型不良，或是精修收敛在一个伪极小值；如果 $\chi < 1$，则说明实验测得的衍射数据质量不够好，也可能是背底太高。

1.3.3 精修的图示判断

由于多晶衍射数据精修过程中有时候会出现伪最小值，因此仅通过 R 因子来判断并不可靠，需结合实时拟合图示来判别。从全谱的实验值、计算值以及它们之间的差值，来判断峰形参数正确性或结构模型的错误。图 1-2 为若干拟合峰形与实验峰形比较。当计算所得的衍射强度太高时，实验值和计算值差值为负 [图 1-2（b）]；而计算强度太低时，差值为正 [图 1-2（c）]；当衍射角计算值太大时，实验和计算强度的差值特征为正-负 [图 1-2（d）]；而衍射角计算值太小时，强度差值特征为负-正 [图 1-2（e）]。出现衍射角不正确，可能来源于点阵常数不正确、样品偏离和零点偏移。图 1-2（f）和图 1-2（g）给出了半高宽对计算值的影响：半高宽太大，强度差值特征为负-正-负；相反，若半高宽太小，则为正-负-正。半高宽偏差主要由于衍射峰存在各向异性宽化。最后为不对称性的影响，如果不对称性过大，则强度差值为负-平-正［图1-2（h）］；如果不对称过小，差值则为正-平-负［图1-2（i）］。

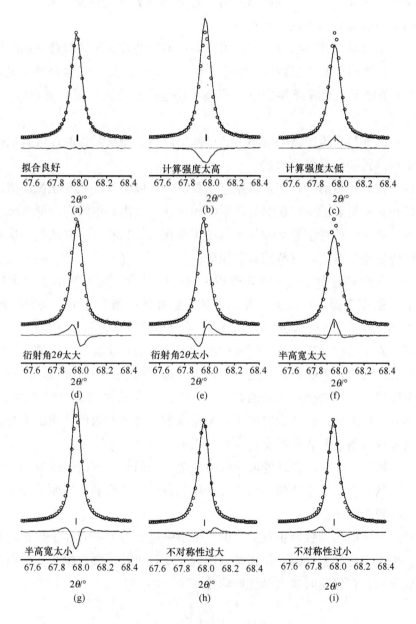

图 1-2　若干拟合峰形和实验峰形的比较

圆圈—实验谱数据点；实线—计算值；底部—两者的差值

1.4 精修过程出现的问题和对策

应用 Rietveld 法修正晶体结构时，常会遇到各种问题造成精修无法进行，下面列出一些常见的问题及其对策。

（1）实验数据背底拟合不好。可以尝试不同的背底函数和背底扣除法。

（2）计算峰形和实验数据不完全一致。可以通过图示观察差值情况，对比图 1-2 中的情况，对峰形参数进行调整，并进一步修正；或者更换峰形函数，重新修正。

（3）计算与实验图谱峰位不一致。使用内标法测量晶体的点阵常数，也可检查零点位置和样品偏差参数。

（4）在计算图谱上，衍射峰尾过早截断。可以尝试降低峰强截断值。

（5）实验衍射谱中存在部分衍射峰相对强度太高，但没有偏低的峰。这可能是由于数据统计性较差，如粉末样品中存在大的颗粒，可以通过再次对粉末进行研磨过筛的方法，重新测量实验谱。

（6）在衍射谱中存在少量未被指标化的衍射峰。这可能由于给定的晶体结构的晶系不正确，可以尝试晶胞的某个轴加倍或增为三倍。另外一种可能是存在第二相，可以尝试对其指标化，采用多相共存进行修正。

（7）修正结构无法收敛。需要仔细检查计算谱和实验谱的差异，峰形是否很好拟合，峰位是否相符，背底是否合理，标度因子是否正确等。检查结构模型是否完整，是否需要加入新的原子。可以尝试在精修初期只修正少量参数，尝试加入几何限制，或者设置原子热振动参数在合理的数值，固定不修正。另外还需检查衍射数是否足够支持参数修正的数目。

（8）结构上具有不合理的原子间距或热振动因子。可以尝试应用合理的原子间距限制，尝试固定热振动参数在合理的数值，并限制相似原子使用相同的热振动参数进行修正。

（9）晶体结构参数修正收敛，但是衍射强度有误差或者原子热振动参数不合理。检查洛伦兹偏振因子校正是否正确，是否进行了吸收校正。检查是否存在择优取向，在修正时加入择优取向校正。

1.5 Rietveld 法结构精修的应用

1.5.1 修正晶体结构

Rietveld法在多晶衍射数据修正晶体结构方面已经取得了广泛的应用。对于X射线多晶衍射，当采用满意的峰形函数以及半高宽随衍射角变化函数的情况下，即使是常规的X射线源，也有可能在很短时间内修正一个晶体结构。由于粉末试样比单晶试样容易制备，且单晶衍射消光产生的系统误差比多晶严重，因此有效消除峰重叠产生的信息损失后，在许多应用中，多晶衍射修正晶体结构可以与单晶法相媲美。

1.5.2 相变研究和点阵常数测定

许多固体材料在发生相变时会产生应力，若采用单晶衍射法研究，可能会因晶体开裂而无法进行，而多晶衍射不存在该问题，因此可以在很宽的温度范围内研究物质的相变。相变有重构型和位移型两种。位移型相变通常只有原子位置的微小变化，其热效应很小，很难用其他方法测定。位移型相变时只反映在衍射峰的宽化和峰形的变化，Rietveld法可以通过峰形判断结构的变化，因此是研究位移型相变十分有力的手段。

对于晶体结构复杂的低级晶系，由于多晶衍射峰重叠，特别是对点阵常数测量具有重要意义的高角度范围更严重，影响了测量的精确性。Rietveld法通过全谱拟合分离重叠峰，衍射线的晶面指数可以正确标定，同时衍射峰位经过衍射仪的零点校正，因此Rietveld法可以精确测定点阵参数。

1.5.3 物相定量分析

X射线多晶衍射是测量多物相混合物中相含量的最有效方法。传统的X射线多晶衍射定量分析由于各相衍射线的重叠，减少了可以用于定量分析的衍射线数目，造成测定相含量只有少量的衍射线，限制了结果的准确度。此外，初级消光和择优取向也对结果产生显著影响。

各物相在混合物中的含量与标度因子 S 有关。当混合物中所有的物相都为晶态时，Rieveld法定量分析的基本公式如下：

$$W_\alpha = \frac{m_\alpha}{\sum\limits_n m_n} = \frac{S_\alpha Z_\alpha M_\alpha V_\alpha}{\sum\limits_n S_n Z_n M_n V_n} \tag{1-19}$$

式中，m_n、S_n、Z_n、M_n 和 V_n 分别为第 n 相的质量、标度因子、单胞分子数、分子量以及单胞体积。Rietveld 法通过全谱拟合求出各相的标度因子 S_n，就可以计算出各相的含量。

如果混合物中含有非晶相，则必须在混合物中加入含量为 W_s 的晶态标样（如 Si 或 Al_2O_3）。在精修时，将非晶漫射峰当作背底，计算相对含量时不纳入计算。此时根据式（1-19）算出精修得到的标样在混合物中的含量 $W_{s,c}$，则原混合物中非晶含量 W_a 可由下式计算：

$$W_a = \frac{100}{100 - W_s}\left(1 - \frac{W_s}{W_{s,c}}\right) \tag{1-20}$$

从上面分析可知，Rietveld 法不但能通过无标定量分析获得全晶态混合物的各相含量，还能通过添加标样计算非晶态含量。对于全晶态物质无须使用内标，且包括了衍射峰全部的衍射数据，减少了分析结果的不可靠性，也降低了初级消光效应，同时择优取向的影响也可以在精修过程中修正，因而 Rietveld 法可以提高定量分析的准确度。

1.5.4　晶粒尺寸和微应变测定

多晶衍射图谱峰形取决于设备和实验条件以及试样的微结构性质。结构不完整性包括晶粒尺寸、内应力或组分非化学配比产生的原子间距变化、微孪生、堆垛层错和原子无序等。由于实验测得的峰形是各种因素卷积的结果，通过反卷积的方法、图解法或傅立叶分析法来分离出晶粒尺寸、微应变等相关部分，是一个复杂的数据处理过程。Rietveld 法则是通过设定各种峰形函数来计算衍射谱，是各种因素的合成过程，在获得修正参数的同时，也可以从修正的各种参数中获得晶粒大小或微应变等。例如文献［19］详细说明了采用 GSAS 软件精修获得晶粒和微观大小的原理和公式。

2 EXPGUI-GSAS
软件安装与界面介绍

2.1 GSAS 软件简介

随着 Rietveld 法结构精修的广泛应用，许多精修软件被开发出来，如 GSAS、Fullprof、DBWS、JANA2000 和 RIETAN 等，相关软件下载和学习资料见 ccp14 网站 "http：//ccp14. cryst. bbk. ac. uk/tutorial/tutorial. htm"。另外，大型的商用衍射数据分析软件也嵌有全谱拟合模块，如 MDI 公司的 Jade、Bruker 公司的 TOPAS 和 PANalytical 公司的 High Score Plus。

众多软件中，GSAS 软件开发较早，且有图形化界面版本 EXPGUI，操作方便、界面友好，可运行于 Windows、Apple Mac、Linux 等计算机操作系统，因此得到广泛使用。GSAS 全称为 "综合结构分析系统" （General Structure Analysis System，缩写 GSAS），可分析中子衍射和 X 射线衍射数据，单晶或多晶数据都可以精修，也可以两者结合修正。软件有两个版本：一个是 PC-GSAS，基于人机对话，操作较为复杂，由美国 Los Alamos National Laboratory 的 Allen C. Larson 和 Robert B. Von Dreele 开发，使用时需注明引用：A. C. Larson and R. B. Von Dreele，"General Structure Analysis System (GSAS)"，Los Alamos National Laboratory Report LAUR，86-748 （1994）。另一个版本为 EXPGUI，是在 GSAS 基础上编写的图形化界面，包括了 GSAS 的大部分功能，使用时需注明引用：B. H. Toby，EXPGUI, a graphical user interface for GSAS, J. Appl. Cryst. 34，210-213 （2001）。这里介绍 EXPGUI 的安装与使用。

2.2 EXPGUI-GSAS 软件的安装

EXPGUI 为免费软件，在多个网站上有专门的下载地址和学习资料，可以通过百度、Bing 等搜索引擎中输入 "EXPGUI GSAS" 关键词检索下载。下载网址为 "https：//subversion. xray. aps. anl. gov/EXPGUI/install/SetupGSAS_EX-

图 2-1　EXPGUI 和 PC-GSAS
桌面快捷方式

PGUI. exe"，或扫描本书第 134 页二维码 1 下载。下载后，获得"SetupGSAS _ EXPGUI. exe"安装文件，对其双击后选择默认安装即可。在安装过程第三步时，可勾选"Create a Desktop icon"，在桌面上生成快捷图标。详细安装过程可扫描本书第 134 页二维码 2 下载。安装完毕后，在电脑桌面上就会生成"EXPGUI"和"PC-GSAS"两个图标，如图 2-1 所示。

2.3　EXPGUI-GSAS 软件界面介绍

通过双击电脑桌面的 EXPGUI 图标打开软件。首先进入的软件界面是 EXP 文件选择界面，需选择或是新建一个 EXP 文件（EXP 文件用于存储精修操作过程信息），然后进入 EXPGUI 主界面，如图 2-2 所示。进入主界面后，需要导入晶体结构、衍射数据和仪器参数文件，界面的全部功能才能完整显示。新建 EXP 文件、导入晶体结构和衍射数据等操作参考后续示例操作。软件主界

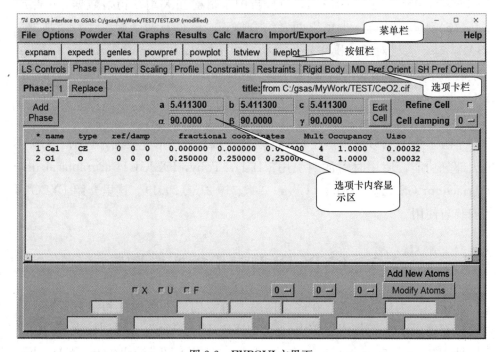

图 2-2　EXPGUI 主界面

面分成四个部分：菜单栏、按钮栏、选项卡栏以及选项卡内容显示区域。按钮栏提供了一些常用程序按钮，这些按钮都有相应的菜单选项。下面对菜单栏和选项卡逐一进行介绍。

2.3.1 菜单栏

（1）File 菜单。用于读取或写入一个 EXP 文件。主要菜单项如图 2-3 所示。

Open：打开或新建 EXP 文件。如果输入的 EXP 文件名不存在，则以该输入名新建一个。

expnam：功能与 Open 相同。

Save：保存当前所做的改变至 EXP 文件，快捷键为 Alt+S。

Save As：将当前 EXP 文件另存。

Reread . EXP file：重新读取最近保存的 EXP 文件。

Update GSAS/EXPGUI：检查 GSAS/EXPGUI 更新。

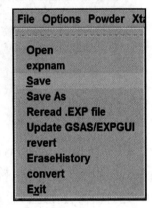

图 2-3　File 菜单栏

revert：用于导入存有先前操作信息的 EXP 备份文件。

EraseHistory：删除历史记录，以便更快读入 EXP 文件。

convert：将 ASCII 文件转换为 GSAS 可直接使用格式。

Exit：退出 EXPGUI，快捷键为 Alt+X，或^C。

（2）**Options** 菜单。该菜单决定 EXPGUI 怎么运行，包含的菜单项如图 2-4所示。

Archive EXP：切换备份 EXP 文件。如果将该选项打钩，则 EXP 备份文件将以 EXPNAM. Oxx 的格式保存。如果不打钩，则不保存备份文件。

Use DISAGL window：该选项打钩，则"DISAGL"（键长、键角计算值）的结果将在新窗口中显示。如果不选择，则结果写入 . LST 文件中。需注意的是，"LSTVIEW"窗口会干扰到"DISAGL"窗口，可以在运行"DISAGL"前关闭"LSTVIEW"窗口。

Autoload EXP：通常运行"genles"和"powpref"后，EXPGUI 会提示是否重新读入 EXP 文件。如果勾选"Autoload EXP"，则不提示该信息。该选项不打钩较好，在误操作的时候，我们可以根据提示，不导入改变后的 EXP 文件。

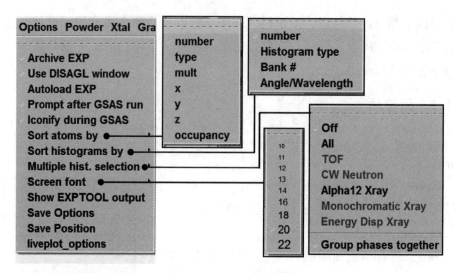

图 2-4　Options 菜单栏

Prompt after GSAS run：该选项最好打钩。默认情况下，GSAS 程序在单独窗口运行后，程序窗口仍保存打开直到按下键盘任意键。如果该选项不打钩，运行窗口会在运行后直接关闭，虽然会节省一些时间，但如果运行过程中出现错误或提示信息将无法看到。

Iconify during GSAS：如果该选项打钩，则在运行 GSAS 程序时，EX-PGUI 主界面将最小化。当操作系统为 Windows7，最好将该功能关闭，以免程序运行时出问题。

Sort atoms by：决定"Phase"选项卡中原子的排序方式，有原子序号、类型、多重因子、占位分数或 x、y、z 坐标等选项。

Sort histograms by：决定"Histogram"选项中图谱的排序方式，有图谱编号、类型、衍射角、波长等选项。

Multiple hist. selection：当导入多个图谱时，如果该模式为 Off 时，只能对某一个图谱改变参数和精修标识。也可以选择 All 对所有图谱都进行改动，或根据图谱类型对一类做改动。

Screen font：设置主界面中字体大小。

Show EXPTOOL output：勾选该选项时，如果在添加原子、相或图谱时，程序探测到错误时，"EXPTOOL"程序窗口会输出错误信息。

Save Options：对 Options 中的选择进行保存至 EXP 所在路径"~/. gsas _ config"文件中。

Save Position：保存当前的 EXPGUI 窗口位置至"~/. gsas_config"文件中，确定下次 EXPGUI 打开的屏幕位置。

Liveplot_options：设置"liveplot"（实时图示窗口）的选项，如在窗口中画出图谱。

（3）Powder 菜单。该菜单为多晶衍射分析用 GSAS 程序。菜单项如图 2-5 所示。

expedt：运行 EXP 文件编辑程序，快捷键为 Alt＋E。运行后界面如图 2-6 所示，输入"?"并回车后可以出现各个选项的提示。

powpref：将多晶数据准备用于最小二乘法计算，快捷键 Alt＋P。运行后程序窗口显示一些提示信息后，要求按下键盘任意按钮退出该窗口，如图 2-7 所示。

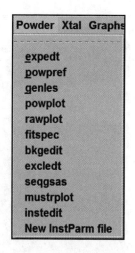

图 2-5　Powder 菜单

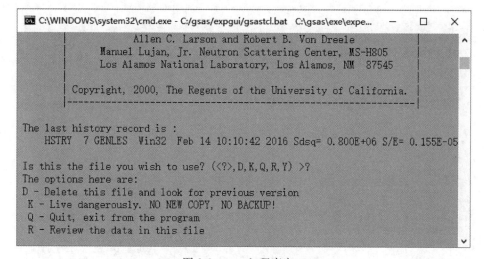

图 2-6　expedt 程序窗口

genles：运行后进行最小二乘法计算，快捷键 Alt＋G。如图 2-8 所示，运行后窗口输出一些信息，按任意键退出程序窗口。

powplot：显示多晶衍射图谱，需选择显示选项。可以在提示符后输入"?"并回车，查看各选项内容，再根据需要输入选项。

rawplot：绘制多晶衍射数据。

fitspec：拟合 TOF 散射谱。

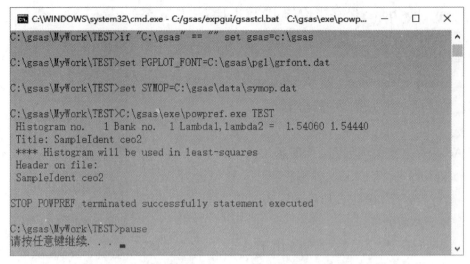

图 2-7　powpref 运行窗口

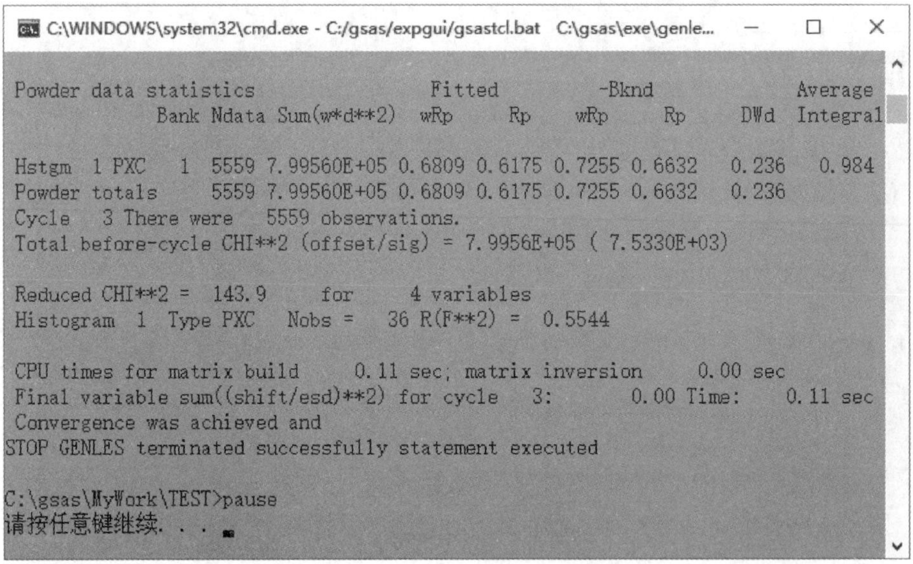

图 2-8　genles 程序窗口

bkgedit：调用"bkgedit"程序对背底进行拟合。具体过程参考后续示例操作。

excledt：调用"excledt"程序来设置衍射数据拟合的角度范围上、下限。

seqgsas：对一系列相似数据连续调用 GSAS 程序来运行"genles"程序。

mustrplot：绘制微应变结果。

instedit：调用"instedit"程序来编辑仪器参数文件。

New InstParm file：使用"instedit"程序生成一个新的仪器参数文件。

（4）Xtal 菜单。为单晶衍射分析用 GSAS 程序，这里不做介绍。

（5）Graphs 菜单。该菜单为一些 GSAS 和两个非 GSAS（"livepolot"，"widplt"）程序链接，用于数据和分析结果的图形显示。菜单项如图 2-9 所示。

Fourier：计算傅立叶图程序设置，只能逐相设置。

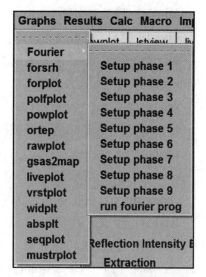

图 2-9　Graphs 菜单

forsrh：为峰查找傅立叶图。

forplot：显示傅立叶图。

polfplot：显示极图。

powplot：显示多晶衍射谱。

ortep：画单晶结构。

rawplot：绘制多晶衍射数据。

gsas2map：导出其他程序（例如"FOX"和"DRAWxtl"）使用的傅立叶图格式。

图 2-10　Results 菜单

liveplot：调用"liveplot"程序来绘制实时更新的多晶衍射数据图。在精修过程中，可以在"liveplot"窗口中查看峰形判断参数修正的正确性。

vrstplot：生成 VRML 3-D 文件。

widplt：用于显示 FWHM 与 Q、2θ 的关系图。

absplt：该程序用于显示衍射谱使用的吸收/反射校正曲线。

seqplot：绘制"seqgsas"程序的结果。

mustrplot：绘制微应变结果。

（6）Results 菜单。该菜单为用于结果分析的一些 GSAS 和非 GSAS（"lstview"）程序。主要菜单项如图 2-10所示。

bijcalc：热参数分析。

disagl：键长/键角计算结果。

disaglviewer：图形化显示键长/键角计算值。

reflist：列出衍射线数据。

geometry：分子构型计算。

hstdmp：列出多晶衍射谱数据。

istats：*HKL* 强度统计。

rcalc：计算衍射残差。

composition：根据多重性因子和占位分数计算单胞的化学成分。

lstview：生成含有当前 .LST 文件的显示窗口。

ramafit：拟合扭转角分布，如肽链中使用限制时。

seqplot：绘制"seqgsas"程序的结果。

（7）Calculations 菜单。含有晶体学计算程序。菜单项如图 2-11 所示。

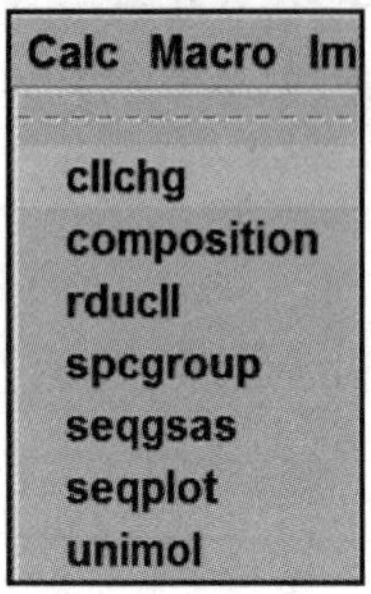

cllchg：单胞变换。

composition：根据多重性因子和占位计算单胞的化学成分。

rducll：减小单胞。

spcgroup：空间群符号解释。

图 2-11 Calculations 菜单

seqplot：绘制"seqgsas"的结果。

unimol：单分子组装。

（8）Macro 菜单。宏功能采用一系列的 Tcl 命令将 EXPGUI 中执行的操作捕捉至文件中。这样就可以通过宏文件来重复执行一些操作。宏文件可以被编辑，Tcl/Tk 命令能被写入至宏文件中来扩展功能。图 2-12 是宏菜单的选项。以下是一个宏语句的例子：

```
runAddHist Data. raw 12D. INS 1 1 T 59.999
runAddHist Data. raw 12D. INS 2 2 T 57.999
runAddHist Data. raw 12D. INS 3 3 T 55.999
runAddHist Data. raw 12D. INS 4 4 T 53.999
```

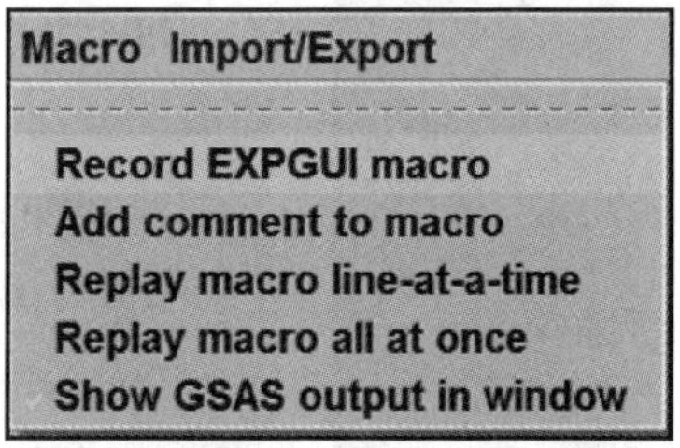

Record EXPGUI macro：该选项打钩，则操作过程将被记录至选定的宏文件中。

Add comment to macro：如果该选项打

图 2-12 Macro 菜单

钩，一个窗口将打开，可以往窗口中输入字符。

Replay macro line-at-a-time：如果使用该选项，将由用户选择一个宏文件，宏文件中的内容将显示，并可通过按钮来运行宏文件中的命令。对宏文件中的命令行点击，该行命令将被接着执行，则可以跳过文件中的部分内容，或是重复执行某命令。

Replay macro all at once：如该选项被选中，会跳出窗口让用户选择一个宏文件，宏文件中的所有命令都将被执行。然后会有一个窗口打开，用于显示精修循环数和 χ^2 等信息，并能停止宏命令。需要注意的是，任何运行中的 GSAS 程序被执行，直至调用停止命令。如果 Options 菜单中选择了 Autoload EXP 且关闭了 Prompt after GSAS run 选项，则宏运行过程中无任何提示。

Show GSAS output in window：当该选项被选上，即使执行宏命令，GSAS 程序都将在单独的窗口中运行。如该选项未选，GSAS 程序输出写于单独的文件里（xx_mac.LST，xx 为 EXP 名称），"lstview" 窗口会打开以显示 .LST 文件内容。

（9）Import/Export 菜单。该菜单用于输入信息至 GSAS 或导出至其他程序，菜单项如图 2-13 所示。

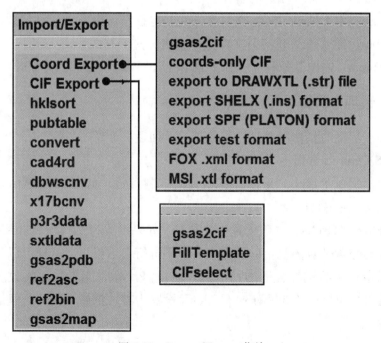

图 2-13　Import/Export 菜单

Coord Export：提供了一系列的程序用于写坐标或其他信息至文件中。"gsas2cif"程序用于准备精修用 IUCr 的晶体结构文件（CIF）。"coords－only CIF"程序以 CIF 格式输出中间结果给其他程序。还可以输出为其他格式，如 .str、.ins、SPF、xml 和 xtl 等用于其他程序的软件。

CIF Export：含有一系列用于输出 CIF 文件的程序。"gsas2cif"输出 IUCr 的 CIF 文件。"FillTemplate"用于编辑 gsas2cif 使用的 CIF 模板文件。"CIFselect"用于选择"gsas2cif"产生的 CIF 中的原子间距离和角度。

hklsort：制作 *HKL* 表。

pubtable：制作原子参数表。

convert：将标准 ASCII 文件转换为 GSAS 中能直接使用的格式。

cad4rd：制作 CAD4 单晶数据。

dbwscnv：转换 DBWS 格式多晶衍射数据。

x17bcnv：转换 NSLS X17 能量色散衍射数据文件。

p3r3data：制作 Siemens/Brucker 的 P3R3 单晶数据文件。

sxtldata：制作通用单晶数据文件。

gsas2pdb：从蛋白质数据文件输入（使用"gsas2pdb"和"expedt"两个程序）或输出（大分子相）的坐标。

ref2asc：用于输出 GSAS 衍射文件为其他程序可用的 ASCII 格式。

ref2bin：导入 ASCII 衍射文件为 GSAS 二进制格式。

gsas2map：输出其他程序（如 Fox 和 DRAWxtl）可用的傅立叶图格式。

2.3.2 选项卡界面

选项卡界面对精修参数进行了分类，下面逐一介绍。

1. LS Controls 界面

该界面提供了最小二乘法计算相关的控制参数，如图 2-14 所示，各个选项的意义见图中说明。

Number of Cycles：一般设置为 8 左右。如果设置为 0，运行"genles"时，会根据现有参数估算多晶衍射的强度，但不进行参数修正。这样可以手动改变一些参数值，从而选择合适的初始值，使精修计算时能更好地收敛。当采用 Le Bail 法时，即便"Number of Cycles"设置为零，精修不循环，但衍射强度也会被优化。

Print Options：控制"genles"窗口的输出信息，选项如图 2-15 所示。

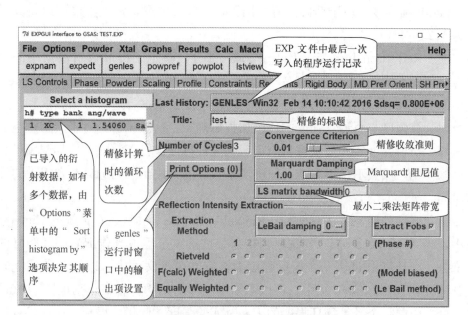

图 2-14　LS Controls 界面

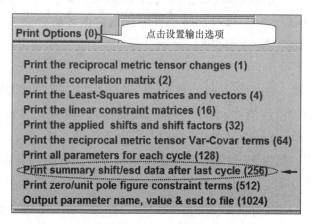

图 2-15　Print Options

通常推荐"Print summary shift/esd data after last cycle（256）"。

Convergence Criterion：当各个参数偏离值平方和除以标准误差小于"Convergence Criterion"设定值时，"genles"程序停止精修计算。进行大规模参数修正时要相应地增大该值。

Marquardt Damping：Marquardt 阻尼增加 Hessian 矩阵对角元的权重，减小参数对精修的影响，虽然需要额外的精修循环，但会增加精修的稳定性。

Marquardt 项为零对应于精修没有采用 Marquardt 阻尼，常规精修可以将其设置为 1.2。

在"Reflection Intensity Extraction"部分，决定了提取衍射数据中的衍射强度值的方式。Extract Fobs：当该项勾选时，衍射强度根据 Hugo Rietveld 提出的方法计算。在该方法中，各个衍射的强度值根据合适的数据点求和，再由衍射计算强度与总计算强度的比值加权后确定。这意味着，对于严重重叠的衍射峰，衍射强度实验值根据相应衍射强度计算值进行了分配。因其调用了晶体结构模型，虽然不是很客观，但确实是很好的方法。不勾选只节省很少的计算时间。

衍射强度的确定方法有两种：Rietveld 法和 Le Bail 法。在传统的 Rietveld 法中，当"Extract Fobs"勾选时，衍射强度确定过程被当作 Rietveld 精修的一部分，会计算出 R 因子，衍射强度会被存在硬盘文件中，以便用于傅立叶或其他计算。在 Le Beil 法中，可以不知道晶体的结构，各级衍射的 F_{calc}（计算强度）由前一个计算循环提取的 F_{obs}（实验强度）优化后得到。在迭代过程中，F_{calc} 慢慢趋于一系列衍射峰实测强度，从而很好地拟合整个图谱。F_{calc} 在每次"genles"程序运行后或一个最小二乘法精修循环后都会被确定。即便在"Number of Cycles"设置为零时，运行"genles"也会改善 Le Bail 法的拟合结果。

需要注意的是，由于衍射峰的重叠，有很多种方法来分配强度，具体取决于使用的 F_{obs} 初始值。当"genles"第一次运行时，初始 F_{calc} 数值有两种设置方法："F（calc）weighted"法和"Equally weighted"法。在"F（calc）weighted"Le Bail 提取法中，初始 F_{calc} 根据晶体结构模型计算。如果晶体模型相当准确，则重叠峰的强度分配也会相当正确。因此在晶体结构正确的情况下，从"F（calc）weighted"Le Bail 提取法获得的衍射线计算强度相当准确，可以作为 Rietveld 法精修的初始值。如果没有好的晶体结构模型，却想用 Le Bail 提取法获得实验强度来了解晶体结构（如直接法），一个较好的方法就是假定一个峰形内所含的所有衍射线强度都相等。在"Equally weighted"法中，各衍射都给定为相同的 F_{obs} 初始值。因此，"Equally weighted"法 Le Bail 拟合过程中如果两个衍射完全重叠，会被分配相等的 F_{obs} 值。

采用 Le Bail 提取法可以同时修正晶胞参数、背底、峰形等非结构的参数。Le Bail 法拟合良好，可以为 Rietveld 法精修提供极好的晶胞参数、背底和峰形参数的初始值，这些参数转入 Rietveld 法结构精修时甚至可不用再修正。

Le Bail 法也有不足之处：当提取的强度变化过大或有其他参数（如晶胞参数）修正时容易发散。可以将"Number of Cycles"设置为零，运行一次"pow-pref"后，多次运行"genles"，在修正其他参数之前使衍射强度收敛。另外一个需注意的是，同一个衍射谱的不同相可以采用不同的提取法。当存在杂相，或杂相有择优取向，或杂相不知道结构，在知道晶胞参数的情况下，可以对杂相采用 Le Bail 法拟合。此外，在不知道晶体结构的情况下，Le Bail 拟合可以获得精确的点阵常数，这是 Rietveld 法无法做到的。

Le Bail Damping：该参数可以对衍射强度偏离值进行阻尼。设置阻尼可以改善衍射强度剧烈变化（如修正晶胞参数、热振动参数等）造成的精修发散。

2. Phase 界面

"Phase"界面用于编辑结构模型，界面内容如图 2-16 所示。该界面可以勾选晶胞参数和原子参数等进行精修，并可以设置各参数的阻尼值。在"原子信息显示区"中，如果对单个原子采用鼠标点击，可以对其参数进行修改或设置精修的标识（勾选则对参数进行修正）。如果用"Ctrl"键＋鼠标"左击"对多个原子进行选择，则勾选精修标识时，对所选多个原子都将进行修正。原子的排序可以在"Options"菜单的"Sort Atoms by"菜单项设置。

Add Phase：按下"Add Phase"按钮会出现图 2-17 的界面（图中数字表

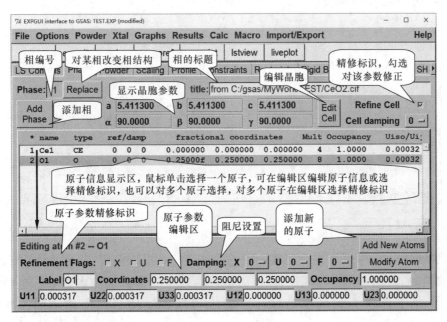

图 2-16　Phase 界面

示操作顺序，以下相同）。在相应的输入框内可以输入相标题、空间群和晶胞参数等。在 "Import phase from" 中单击可选择 CIF、CEL 等文件格式导入相结构。如果想通过 CIF 文件导入，点击后选择准备好的 CIF 文件，然后点击 "Continue" 出现图 2-18 的界面，显示空间群信息以及原子对称操作等信息。GSAS 会自动识别 CIF 文件中的空间群信息。仔细检查后，点击 "Continue"，进入图 2-19 添加原子界面。点击 "Add Atoms" 后，就可以完成相添加。在图 2-19 的界面中，如果不想让某个原子的信息被写入 EXP 文件中，可以不将该原子的 "Use Flag" 勾选。

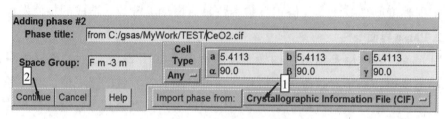

图 2-17　添加相界面

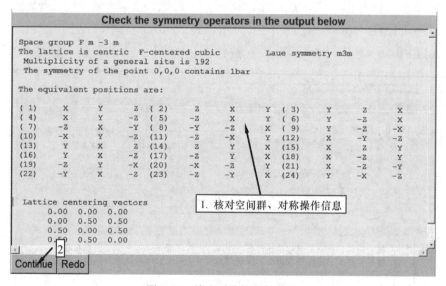

图 2-18　检查对称操作等信息

Replace：如果需要更改已输入相的晶体结构，可以使用 "Replace" 按钮。点击按钮后，出现图 2-20 所示界面。可以更改空间群和晶胞参数等。也可以通过 CIF 文件导入新的晶体结构。更改相晶体结构与添加相相同，点击 "Continue" 后会检查对称操作，然后也是进入添加原子窗口。

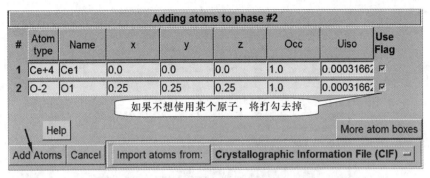

图 2-19　Add Atoms 界面

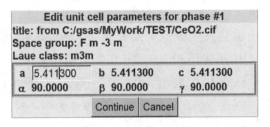

图 2-20　Replacing phase 界面

Edit Cell：点击后可以对晶胞参数进行修改，输入数值后，点击"Continue"即可。界面如图 2-21 所示。

Edit unit cell parameters for phase #1
title: from C:/gsas/MyWork/TEST/CeO2.cif
Space group: F m -3 m
Laue class: m3m

a	5.411300	b	5.411300	c	5.411300
α	90.0000	β	90.0000	γ	90.0000

Continue　Cancel

图 2-21　Edit Cell 界面

Add New Atoms：点击后会出现一个表格，可以对当前相添加新的原子，与图 2-19 相同，可以在输入框手动输入，也可以通过 CIF 文件等导入。如果输入多于一个原子，可以点击图中"More atom boxes"。输入完毕，点击"Add Atoms"完成添加。

Modify Atom：可以选择一个原子或多个原子进行原子参数的修改，打开的窗口如图 2-22 所示。在"Modify coordinates"选项中可以对原子坐标进行变换。当 EXPGUI 界面中编辑了原子信息，某些原子可能被移除或者改变位

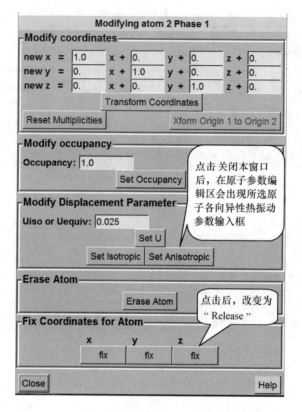

图 2-22　Modify Atom 界面

置，相应多重性因子也会发生改变，需要在"Reset Multiplicities"中重设多重性因子。"Xform Origin 1 to Origin 2"按钮只对国际晶体学表中斜方、四方和立方晶系中有双坐标原点的空间群才有效。这些空间群的晶胞中具有比中心点更对称的点存在，原点1为高对称性点，原点2为中心对称性点。由于 GSAS 中使用的是原点2，如果导入的原子坐标根据原点1设置，可以使用该按钮转换为原点2的坐标。在该操作之前，要把所有的原子选上。"Modify occupancy"用于更改所选原子的占位系数。"Erase Atom"可以移除所选的原子，也可以设置原子的占位为零替代该设置。"Fix Coordinates for Atom"按钮设置原子坐标（x，y，z）是否固定。如果坐标中某个轴被固定，当修正原子坐标时（"Phase"界面中"X"精修标识被打钩），该轴不会被修正。如图 2-16 中 O 原子的 x 坐标被标上了 f，这表示 x 被固定，当原子位置变化时，y、z 将被修正。

3. Powder 界面

"Powder"界面（有的版本为 histogram）用于编辑背底和衍射仪常数，

以及设置精修标识和阻尼值，如图 2-23 所示。如果 "Options" 菜单中 "Multiple histogram selection" 模式设置为 "All"，该界面不显示；其他模式下多个衍射谱可以一同选择和修改参数。

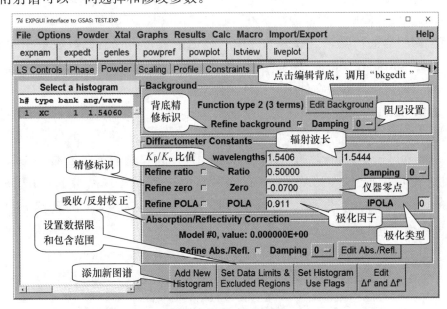

图 2-23 Powder 界面

Add New Histogram：按下该按钮，可以添加多晶衍射数据和仪器参数，界面如图 2-24 所示。通过 "Select File" 分别导入数据文件和仪器参数文件。

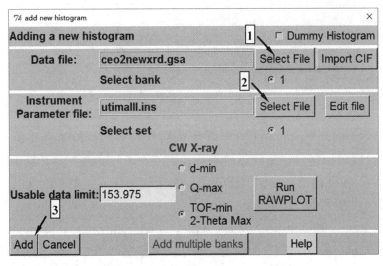

图 2-24 Adding a new histogram 界面

导入后，需要确认或修改"Usable data limit"输入框的数值。该值为生成衍射峰位置的最大角度值。如果导入的数据文件或仪器参数文件中设定了不只一个"Bank"值（对于多探测器仪器，"Bank"值对应于探测器类型），导入时还可以选择"Bank"，导入的数据可以通过"Run RAWPLOT"来画图。对于具有多探测器的仪器，当数据文件中的数据组数目与仪器参数数量相同时，"Adding multiple banks"变为可用。当"Dummy Histogram"勾选时，衍射数据可以通过仪器参数文件中一系列常数来计算。

Edit Background：按下该按钮出现图 2-25 所示窗口，设置背底拟合参数、拟合方程类型和多项式项数。设置后，点击"Continue"即可。也可通过"Fit Background Graphically"的"bkgedt"程序图示窗口选取背底数据点来拟合，参见后续示例操作。GSAS 程序有八种背底方程，常规精修选择方程 1，"Number of terms"选择 8 左右。如果拟合不好，可以尝试其他方程和"Number of terms"，直至较好地将背底拟合。

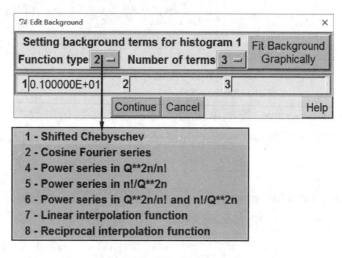

图 2-25　Edit Background

Diffractometer Constants：用于设置衍射仪常数。波长及其比值一般不修正。如果仪器采用标样仔细校正过零点，则"Zero"值也不需要修正。极化因子"POLA"和极化校正类型"IPOLA"两个值与仪器类型和配置具有很大的关系，如何设置可以参考网址"http：//www. ccp14. ac. uk/solution/gsas/lp _ corrections. html"和"http：//www. ccp14. ac. uk/solution/gsas/graphite _ mono- chromator _ and _ gsas. html"的讨论。对于同步辐射，"POLA"值可以略小于 1（如 0.95～0.99），如 EXPGUI 示例文件（路径 C：\ gsas \ example \）的仪

器参数文件"inst_x3a.prm",将"POLA"设置为0.95,而"IPOLA"可以设置为零。对于常规密封管X射线衍射仪,如果没有配备单色器,"POLA"和"IPOLA"可分别设为0.5和0。当常规衍射仪配备了单色器,可以将"IPOLA"设置为1,"POLA"值根据单色器的衍射角$2\theta_m$计算,POLA=$\cos^2 2\theta_m$。如Cu靶衍射仪对应的石墨弯晶单色器衍射角为26.6°,计算的"POLA"值为0.81。设定"POLA"和"IPOLA"值后,应先不修正"POLA"值,等其他参数都修正稳定后再修正。

Absorption/Reflectivity Correction:设置吸收校正(平板试样为反射校正)。点击"Edit Abs./Refl."按钮后,出现图2-26的窗口。窗口底下是所选的吸收/校正方程说明。

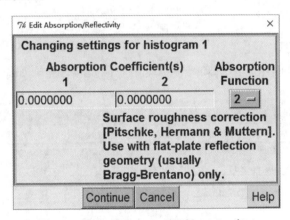

图2-26　Edit Absorption/Refilectivity 窗口

Set Histogram Use Flags:如果具有多个衍射数据,该按钮用于设置哪些数据不使用,如图2-27窗口用于勾选使用标识"Use Flag",点击"Save"后设置。

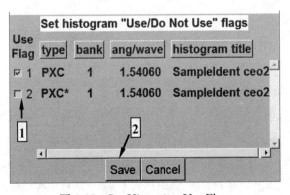

图2-27　Set Histogram Use Flags

Edit $\Delta f'$ and $\Delta f''$：用于设置 X 射线的异常散射项，如图 2-28 所示。对于光管 X 射线源这些项为自动设定；对于同步辐射源具有严重散射时需要手动输入。

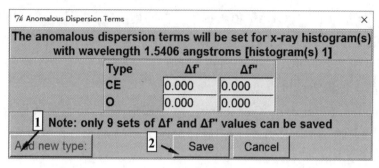

图 2-28　Edit $\Delta f'$ and $\Delta f''$

4. Scaling 界面

"Scaling" 界面用于编辑和修正标度因子以及相含量，如图 2-29 所示。

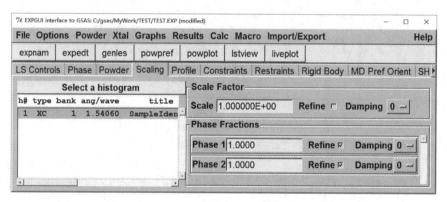

图 2-29　Scaling 界面

5. Profile 界面

"Profile" 界面用于编辑峰形参数以及设置精修标识和阻尼值，可对每个物相单独设置，界面如图 2-30 所示。其中衍射峰截断值 "Peak cutoff" 通常设置为 0.001，太大的截断值会造成峰形拟合不良。

对于定波长入射源，GSAS 给出了五种峰形函数：Gaussian only，Pseudo-Voigt(下面简称 P-V)，P-V/FCJ Asym，P-V/FCJ＋Stephens aniso strain，P-V/FCJ＋macro strain。各个函数可以参考 GSAS 手册第 156～162 页(下载地址：https：//subversion. xray. aps. anl. gov/EXPGUI/gsas/all/GSAS％20Manual. pdf，或

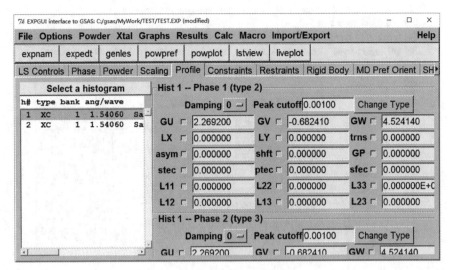

图 2-30   Profile 界面

扫描本书第 134 页二维码 1 获得）。X 射线多晶衍射常用第二种和第三种函数。第三种是第二种的改进，在不对称峰形上拟合更好，对于同步辐射数据在低角度部分也拟合很好。两种峰形函数参数的意义见表 2-1。这些参数修正顺序可以参考后续示例操作。需要注意，仪器零点校正参数（"Powder"界面中"Zero"）与 trns 或 shft 参数不可以同时修正，容易使修正计算发散。在"Profile"界面中，点击"Change Type"可以更改峰形函数，出现的界面如图 2-31所示。更换峰形可以将相同的参数转换到新的峰形函数中。

表 2-1   峰形函数参数的意义

P-V	P-V/FCJ	参数意义
shft		样品偏离校正系数
GU、GV、GW、GP		对应 Gaussian 半高宽方程系数 U、V、W、P $U\tan^2\theta + V\tan\theta + W + P/\cos^2\theta$
LX、LY		分别为 Lorentzian 方程晶粒宽化和应变宽化
stec、ptec		分别为 Lorentzian 方程应变和晶粒各向异性宽化
trns		Bragg-Brentano 衍射几何中样品透明性系数
sfec		Lorentzian 方程亚晶格宽化
$L11$、$L22$、$L33$、$L12$、$L13$、$L23$		Lorentzian 部分中微应变各向异性相关系数
asym	S/L、H/L	峰形不对称性相关系数

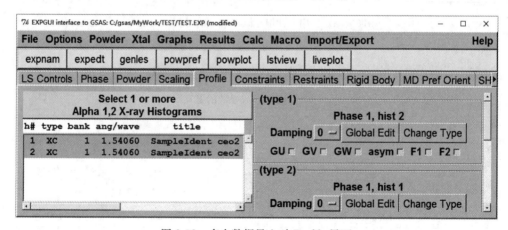

图 2-31　Change type 选项

如果导入了多个衍射数据，"Options"菜单中"Multiple Histogram Selection"模式设置为"All"时，则"Profile"界面不能被设置。其他模式时，"Profile"界面如图 2-32 所示，可以通过"Change Type"对每个相设置峰形函数。点击"Global Edit"后如图 2-33 所示。

图 2-32　多个数据导入时 Profile 界面

6. Constraints 界面

该界面给修正参数设置约束，强制一组参数的每个参数都一同变化（合理地缩放），实质上减少了模型中修正参数的数量，界面如图 2-34 所示。

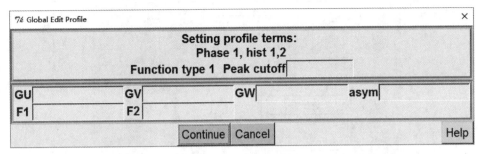

图 2-33 Global Edit 窗口

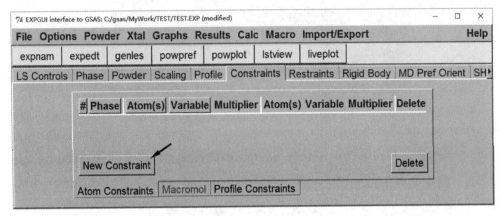

图 2-34 Constrains 界面

Atom Constraints："New Constraints"按钮，可以选择物相、原子、变量和乘子进行设置，如图 2-35 所示。点击"New Column"可以增加一列进行设置。约束设置后点"Save"，如果设置的约束有错误，如同一原子重复出现于多个约束中，会出现图 2-36 提示。提示错误的约束在"Constraints"界面中编号为红色。可以点击"edit"对其重新编辑或打钩后点击"Delete"进行删除，如图 2-37 所示。

Macromol：对于大分子相进行约束。与"Atomic Constrains"的界面相差不大，不同的是大分子相的编号必须是 1#。

Profile Constraints：对一组相/衍射谱的峰形参数设置约束，界面如图 2-38 所示。如果需要添加新约束，点击"Add constraints"后，出现图 2-39 的设置界面。设置过程与"Atomic Constrains"相类似，也需要注意组合的相/图谱只能出现在一个约束中。

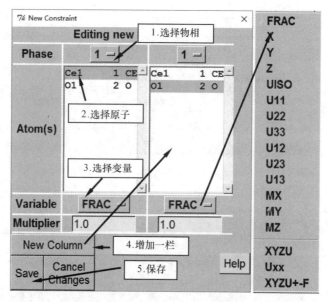

图 2-35　New constraint 设置

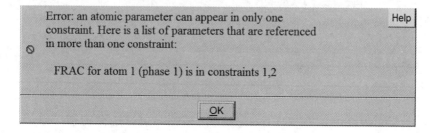

图 2-36　错误信息

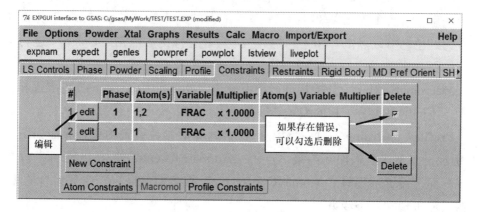

图 2-37　Constraint 列表

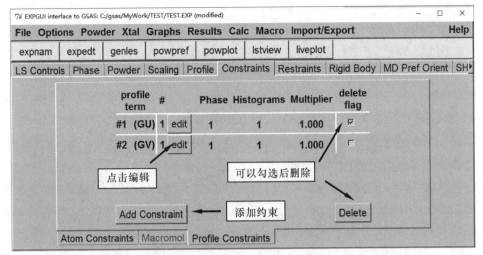

图 2-38 Profile Constraints 界面

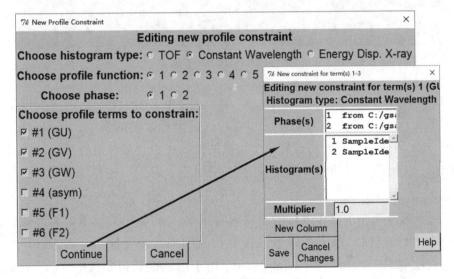

图 2-39 设置 Profile Constraints

7. Restraints 界面

这里给出的约束为"软"约束，为了区别"Constraints"界面中的"硬"约束，姑且将"Restraints"设置称为"限制"。"Restraints"中设置"限制"后，当参数偏离预期值时程序将对参数变化进行限制，使其往预期值靠近，但并不强制使其保持在预期值，可以用于限制键长和化学组成等，界面如图 2-40 所示。

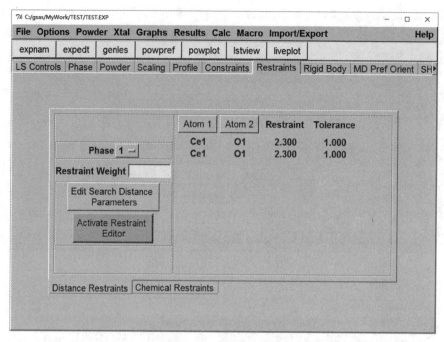

图 2-40　Restraints 界面

Distance Restraints：键长限制。"Atom1"和"Atom2"按钮用于排序设置。"Restraint Weight"参数十分重要，决定键长限制的强度。在拟合初期，"Restraint Weight"有时可设置一个很高的值，在拟合最终阶段可以设置成很低的值，以获得化学意义上较合理的原子间距。对于一些精修，"Restraint Weight"在最后阶段可设置为 0.0 来去除限制。点击"Activate Restraint Editor"用于选择某一个键长进行限制或编辑限制，如图 2-41 所示。如果键长数据太多，可通过窗口最上部区域选择键长范围或者特定原子，点击"Filter"进行过滤。"Restraint"和"Tolerance"用于限制键长值，其中"Tolerance"提供限制的权重。如果对过滤后所有键长进行限制，可以选择"Check All"；如果只选择若干个键长，则可以在键长数据后小方框打钩，再分别输入"Restraint"和"Tolerance"，接着点击"Set checked"，最后点击"Save Changes"完成键长限制的设置。也可以通过界面中的"Delete checked"删除所选的限制。设置键长限制后，限制信息就会出现在图 2-40"Restraints"界面中。

Chemistry Restraints：当模型偏离预设成分时进行"惩罚"，如图 2-42 所示。至多可以设置 9 个限制，限制方式如下：

$$Target = W_1 O_1 M_1 + W_2 O_2 M_2 + \cdots + W_i O_i M_i + \cdots \tag{2-1}$$

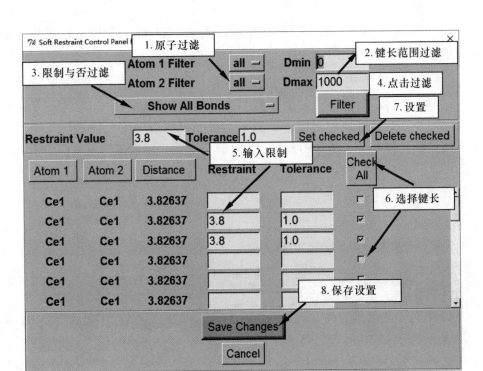

图 2-41　Activate Restraint Editor 窗口

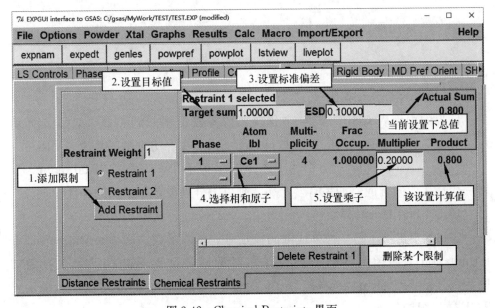

图 2-42　Chemical Restraints 界面

式中，O_i 和 M_i 是原子 i 的占位率和多重性因子，Target 和 W_i 为所设置的限制。成分限制的使用可以参考第 4 章的示例三。

8. Rigid body 界面

"Rigid body"（刚性体）是约束原子间相对位置的另一个方法，界面如图 2-43 所示。在刚性体约束中，一组原子被限制作为一个整体进行转动或移动。使用刚性体减少了精修的参数，使计算更稳定。刚性体约束主要用于刚性基团如苯环、环戊二烯基等的约束，各个模块功能可参考帮助文件，这里不做详细介绍。

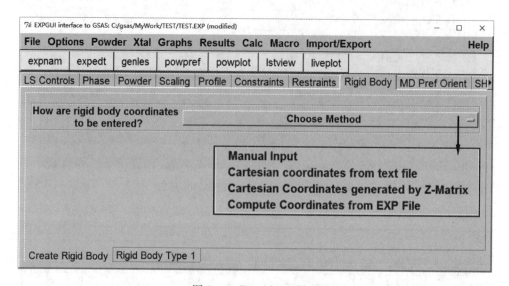

图 2-43 Rigid body 界面

9. MD Pref Orient 界面

该界面用于 March-Dollase 方程择优取向校正相关的参数，如图 2-44 所示。界面中可以指定一个或多个轴（以 hkl 表示）某个方向的晶粒过多（Ratio>1）或不足（Ratio<1），小方框用于选择是否进行精修。通过"Add plane"新增一个择优取向方向。如果有多个相，则可以分别设置每个相的择优校正。

10. SH Pref Orient 界面

GSAS 中提供了另一种择优取向校正——球谐函数法（spherical harmonic formulation），将择优取向处理为样品对称性和球谐级数的函数，界面如图 2-45 所示。"Setting angles"定义了相对于探测器的样品角度，通常用于 TOF 数据织构分析。

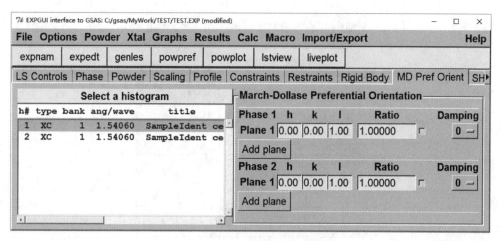

图 2-44　MD Pref Orient 界面

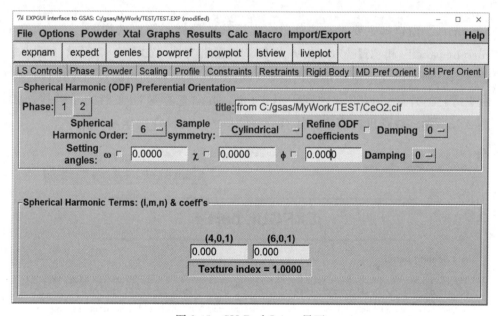

图 2-45　SH Pref Orient 界面

2.3.3　EXPGUI 帮助内容

EXPGUI 软件可以方便地使用帮助系统查看菜单说明、选项界面的参数意义等。在软件主界面右上角点击"Help"，可以看到有"Help Summary""Help on current panel"和"Help on menu"三种形式。图 2-46 是"Help

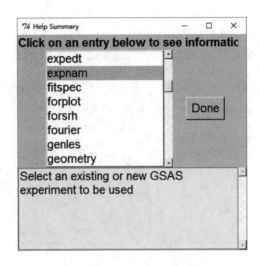

图 2-46　Help Summary

Summary"窗口，主要对一些菜单、程序和选项做了简要的说明。"Help on current panel"和"Help on menu"则调用帮助文档，如图 2-47 所示，可以查看当前选项卡以及菜单的帮助内容。点击图 2-47 中右上角的按钮，可以进行翻页等，另外还可以进入"EXPGUI top"页面查看帮助文档的总链接，如图 2-48所示。在帮助内容中，还有一些简单的示例操作供学习和参考。

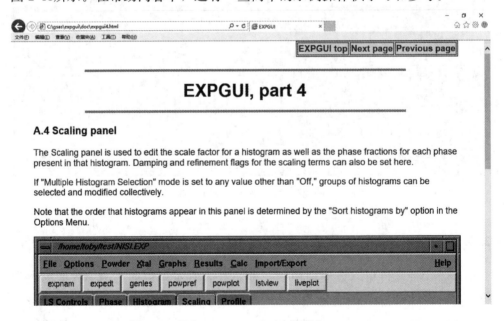

图 2-47　Help on current panel 和 Help on menu

GUI Sections	Least Squares	Phase info	Histogram info
	Scaling info	Profile terms	Constraints
	Restraints	Rigid Bodies	Preferred Orientation
	Menus		
Utilities:	LIVEPLOT	BKGEDIT	EXCLEDT
	WIDPLT	ABSPLT	INSTEDIT
	CIF export		
Installation Notes:	Unix	Windows	Mac OS X
	Customization		
Tutorials:	NIST Neutron data	GSAS Manual Example #1 (TOF)	GSAS Manual Example #2 (Garnet)
	Lab x-ray data (Fluoroapatite)		
Messages:	Error	Warning	Informational
Other:	Introduction	Recent & Planned Improvements	*J. Appl. Cryst.* article

图 2-48   Help 文档的总链接

3 EXPGUI-GSAS 结构精修起步

在介绍了精修基本原理和 EXPGUI 软件界面后，本章将介绍精修用 X 射线多晶衍射数据的实验技术、EXPGUI 数据文件准备、晶体结构文件的获取，以简单示例说明 GSAS 精修基本操作、精修结果提取与绘图，解决空间群设定问题及角度范围设定，最后是定制 EXPGUI。

3.1 精修前的准备工作

3.1.1 衍射数据的测定

采用 EXPGUI 修正晶体结构，首先需要测试获得高质量的衍射图谱。衍射图谱中可以提取的信息为衍射峰位置、强度和峰形。从精修分析的目的来看，测定晶胞参数需要准确的衍射峰位，获得晶胞中原子位置需要准确的峰强，而测定微结构需要准确的峰形。为了增加精修独立变量数目，需要尽量多的可分辨衍射峰。结构精修要求可分辨衍射峰的数量与晶体不对称单元中独立原子数目比值大于 5。这些都决定了高准确性、高分辨的衍射图谱是 Rietveld 法多晶衍射数据结构精修的实验基础。

衍射图谱分辨率和准确性受仪器因素和样品因素影响。X 射线光源尺寸影响着衍射峰宽度。光源尺寸越小，衍射峰越窄，会提高衍射图谱分辨率。光源的强度与衍射峰强度成正比，衍射峰强度越高则测量精度越高，相同计数前提下所需的测试时间比弱光源要少。光源发散度对衍射峰形和峰宽都有影响。另外如果光源的单色性不好，也会引起峰的宽化。因此，小尺寸、高强度、低发散和单色性好的入射光源有利于测试高质量衍射谱。实际测试过程中，需要根据精修目的选择合适的衍射仪。对于简单结构修正可以采用中等分辨能力的密封管 X 射线衍射仪。现代全自动常规密封管 X 射线衍射仪的测角仪最小步进角度可达 0.0001°，角度重复性也可达 0.0001°，有利于提高测试分辨率。其分辨率（以半高宽 FWHM 表征）一般为零点几度。为了提高分辨率可以采用较小的发散狭缝、发散度小的索拉光阑、较大半径的测角仪。另外如果常规衍射仪配有平行光附件，将发散的入射线变成平行光束，也有利于提高仪器的分辨率和准确性。对于对称性低、原子坐标变量多（大于 50）、有重原子污染、重轻原子混杂、超对称或要求测定精细结构时，应采用高分辨的同步辐射 X 射线衍射仪。同步辐射具有高准直性和高强度，降低了常规衍射仪中影响分辨率的一些影响因素。同步辐射发射集中在电子运动方向为中心的一个很小圆锥内，张角很小，几乎是平行光束，可以降低因光束不平行引起的衍射峰宽化，使衍射峰峰形更陡峭，同时还降低了峰形不对称性，提高了峰位的准确性，能更好地拟合峰形，提高整个图谱的拟合精度，使结构更准确。同步辐射强度高，可以选择能量分辨率更高的硅或锗作为双晶单色器，大大降低了波长色散造成的衍射线宽化几率，提高了分辨率，分辨率一般在 0.05° 以下，甚至可以低于 0.02°。当然同步辐射也有其缺点，近平行性会使得晶粒择优取向对积分强度的影响比常规衍射仪严重。另外同步辐射束斑较小，参与衍射晶粒数目较少，晶粒不均匀性容易造成强度波动，因此同步辐射多晶衍射的强度重复性有时不佳，影响 Rietveld 法结构精修的准确性。

样品制备对图谱质量也具有重要影响。多晶衍射要求足够多、随机取向的细小晶粒，在试样制备时要尽量保证上述要求。在 Bragg-Brentano（B-B）衍射几何中，由于使用平板试样，要求试样测试面致密平整，如果表面粗糙会加宽衍射峰，降低分辨率。试样表面需与样品架表面一致，如果出现内凹或凸出都会引起峰形变化，使峰位发生移动。平板试样通常需要压平，一种为正面压平，将粉末压入玻璃样品架凹槽中；另一种为背压法，如图 3-1 所示，在测试面背面将粉末压平。对于颗粒呈片状或棒状的粉末，压制过程中不可避免会形成一定的择优取向，引起衍射峰相对强度发生显著变化。为了避免这种情况，可以采用侧装法或撒样法。图 3-2 是侧装法示意图，在样品架侧面开有装样孔，粉末从侧面装入并震实，不用加压。另外也可以采用低背底样品架，如平整的（511）晶面单晶硅作为样品板，将粉末均匀撒落在样品板上形成薄层，

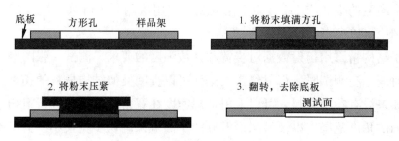

图 3-1　采用背压法装样（侧面视图）

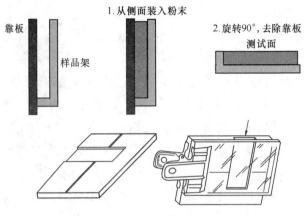

图 3-2　采用侧装法装样

可以最大程度上避免择优取向。

　　选定衍射仪类型和试样制备方式后，测试过程中还需要对一些测试条件进行认真设定。有文献系统做过步宽与停留时间对刚玉试样氧原子 x 坐标精修结果的影响。一种情况是固定步长为 $0.04°$，每步停留时间从 $0.01s$ 变到 $5s$，另外一种是固定每步停留时间为 $5s$，步长从 $0.01°$ 变到 $0.32°$。两种情况中除了步宽大的原子坐标数据偏离较大外，其他情况与单晶测试结果偏离很小，这表明小的停留时间或大步宽对结果准确性的影响不大。相同步宽情况下，大的停留时间会提高衍射峰的强度。研究表明，随着衍射峰强度增加，精修判别因子 R_{wp} 和 R_B 都随之降低，但随着强度的继续增加其变化趋缓。这表明过大的峰强并不会增加更多的结构信息，大的停留时间无疑浪费了测试时间。一般认为，要用最少的实验时间获取最高结构信息，比较好的峰强度为 5000～10000计数。固定停留时间，改变步宽对 R_{wp} 判别因子不影响，但是结构模型相关的 R_B（越小说明结构模型越准确）随着步宽的增加而增加，但随着步宽变小 R_B值变小会趋缓。因此过小的步宽也是不必要的。通常认为最佳的步宽是各衍射峰最小半高宽的 1/3 或 1/5。如果在测试中使用探测器为阵列探测器或位敏探测器，结论可以参考上面的要求。

　　由于结构精修用衍射数据对步宽和计数强度的要求，测试一张图谱需要耗费大量时间。在测试时，衍射仪实验条件可以查阅类似结构材料的相关文献做参考。如果没有参考资料，可以采用常规速度在宽角度范围内进行粗扫，确认进行慢扫的角度范围，以及最强衍射峰的半高宽来确认步宽大小。为了确认每步停留时间，可以对最强峰进行小范围慢扫，确认计数强度是否能达到要求，而后再进行全谱的扫描。必要时，还应采用相同的扫描条件测试标准样品，用于获得仪器参数，如零点位置点信息。表 3-1 给出了一些文献中的精修用图谱实验条件示例。

表 3-1　一些文献中的精修用图谱实验条件

仪器	管电流、电压	扫描方式	角度范围	狭缝
Bruker D8，锗单色器	Cu 靶 40 kV，40 mA	步宽 0.02° 每步停留 4s	5°～110°	DS 0.2°
Philips PW 1830，Ni 滤波片	Cu 靶 35 kV ，25 mA	步宽 0.02° 每步停留 15s	10°～80°	DS 1.0°，SS 1°， RS 0.2mm
Philips PW3710	Cu 靶 50 kV ，40mA	步宽 0.05° 每步停留 5s	5°～85°	DS 0.5°，SS 1°， RS 0.1mm

3.1.2　衍射数据的转换

使用 GSAS 软件进行结构精修，初学者遇到的第一个问题就是如何将衍射数据转换成 GSAS 要求的数据格式。GSAS 能接受的数据格式为 .gsa，可以采用记事本打开，数据内容如图 3-3 所示。X 射线衍射仪测试后提供的原始文件格式与其相差很大，一般无法直接在 GSAS 中使用。可以通过衍射仪附带的数据转换软件，将衍射数据导出 .txt 的文本文件。通常文本文件中含有衍射角度和强度一一对应的数据列。.txt文件可以采用数据转换软件转换为 .gsa 格式。

```
al2o3001.gsa - 记事本
文件(F)  编辑(E)  格式(O)  查看(V)  帮助(H)
cualumina 15' Cu311 Cox A1203                                             cualu001
Instrument parameter file:btldemo.ins
BANK   1      3300      660 CONST      300.00       5.00 0 0 ESD
    119.       17.     149.       19.     141.      19.     117.      17.     130.      18.
    103.       16.      90.       15.      79.      14.     114.      17.     103.      16.
    127.       18.     114.       17.     111.      17.     119.      17.     127.      18.
     95.       15.     114.       17.      82.      14.      84.      14.      87.      15.
     79.       14.     114.       17.     119.      17.     106.      16.      82.      14.
     57.       11.     100.       16.     111.      17.     100.      16.     117.      17.
     87.       15.      84.       14.     103.      16.      71.      13.      87.      15.
     95.       15.      87.       15.     100.      16.      98.      16.     109.      16.
     65.       12.     103.       16.      49.      10.      84.      14.     114.      17.
    111.       17.      73.       13.      82.      14.      79.      14.      87.      15.
     84.       14.     127.       18.      79.      14.     100.      16.      95.      15.
     68.       13.      73.       13.      84.      14.      79.      14.      95.      15.
    106.       16.      82.       14.      90.      15.      84.      14.      90.      15.
     92.       15.      87.       15.      84.      14.      87.      15.      92.      15.
     92.       15.      76.       14.      76.      14.      71.      13.      87.      15.
     49.       10.      87.       15.      87.      15.      76.      14.      63.      12.
     60.       12.      65.       12.      92.      15.      57.      11.      87.      15.
     73.       13.      82.       14.      76.      14.      65.      12.      65.      12.
```

图 3-3　GSAS 衍射数据格式

ccp14 网站（网址：http：//ccp14. cryst. bbk. ac. uk/tutorial/tutorial. htm）提供了很多转换软件链接供下载，如 Brian Toby 的 CMPR 软件，国内董成老师开发的 PowderX 软件等都含有数据转换模块。这里介绍 Jose Espeso 开发的一个数据转换小软件 XY2GSAS（扫描本书第 134 页二维码 1 可下载），能将具有角度-强度两列数据的文本文件转换为 .gsa 格式。下载后获得 XY2GSAS. zip 的压缩包，解压后直接点击文件夹内 XY2GSAS. exe，出现图 3-4 所示软件界面，点击"Convert File"，跳出对话框，选择需要转换的文本文件，选择后自动跳出保存文件的对话框，默认转换后文件名称为 data. gsa，可以修改为自己需要的名称，点击"保存"完成转换。

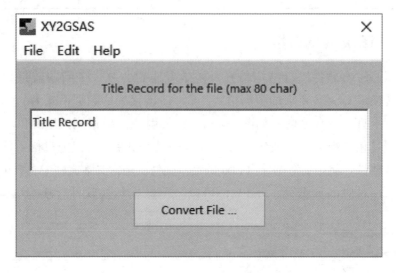

图 3-4　XY2GSAS 软件界面

3.1.3　初始结构的获取

测定衍射图谱后，Rietveld 法精修还需要输入晶体的初始结构。EXPGUI-GSAS 软件需要输入晶体结构的空间群、晶胞参数（a，b，c，α，β，γ）、原子种类、原子名称、原子坐标（x，y，z）、占位分数和热振动参数 U_{iso}。获取晶体初始结构信息的一个途径是查阅与课题相近的文献，另外还有很多晶体结构数据库可以查阅，如无机晶体数据库（ICSD）、剑桥结构数据库（CSD）和国际衍射数据中心（ICDD）的粉末衍射文件（PDF）。ICSD 数据库由德国卡尔斯鲁厄专业情报中心（FIZ）提供，只收集不包括金属和合金、不含 C-H 键的无机化合物晶体结构信息，到 2023 年 10 月，已经有超过 291382 条晶体结构信息。通过 ICSD 数据库，可以导出 GSAS 可以使用的 CIF 文件。CSD 数据库由剑桥晶体数据中心（CCDC）自 1965 年起收集小分子和金属-有机晶体结构的 X 射线和中子衍射数据，目前数据超过 800000 个。ICDD 的 PDF 数据库主要用于物相鉴定，在 PDF4＋中也提供原子参数。另外还有一些开放的晶体结构在线数据库，也可以导出 CIF 文件，如 Crystallography Open Database (COD) 数据库，包含有机、无机、金属-有机和矿物等数据，目前有超过 508876 个数据，查询网址为：http：//www. crystallography. net/。进入网站后，点击左边"Search"进入查询界面，可以通过元素、空间群等查询，查询结果如图 3-5 所示。根据第 26 页的说明，在下载 cif 文件时须下载原点 2 为坐标的结构，即查询结果中空间群后带"：2"的结构。查询到晶体结构信息后，就在 GSAS 中通过添加相输入相关参数，也可以通过数据库导出的晶体结构文件（如 CIF 文件）导入。有时候通过数据库无法查到所需的组成的晶体结构信息，可以参考相近组成结构对相应原子位置元素和占位分数进行修改。

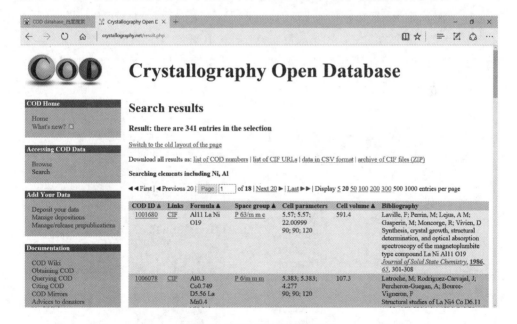

图 3-5　COD 的查询结果界面

3.2　EXPGUI 精修简单示例

测定衍射数据，并知道初始晶体结构信息后，就可以采用 GSAS 进行结构精修。下面用 EXPGUI 软件所给的 $Ca_5(PO_4)_3F$ 精修教程作为示例（相关文件可扫描本书第 134 页二维码 1 下载）。下载后获得 FAP. zip 压缩文件，对其解压可以得到晶体结构文件 FAP. cif，衍射数据文件 FAP. GSA，仪器参数文件 INST _ XRY. PRM 和教程 pdf 文件。EXPGUI 的仪器参数文件包含有仪器类型、使用的射线波长、仪器零点等信息，可以采用标准样品衍射数据进行精修后建立，相同衍射仪所测试结果可以使用相同的仪器参数文件，建立过程参考第 4 章示例一。

3.2.1 生成 EXP 文件

将解压后的文件夹 FAP 拷贝到"C：\ gsas"的 MyWork 文件夹中。双击电脑桌面"EXPGUI"图标，进入主界面前，首先跳出"Experiment File"窗口，如图 3-6 所示，可以读取或新建一个 EXP 文件。EXPGUI 软件使用 EXP 文件存储软件运行信息。如果想要打开已有的 EXP 文件，通过文件路径选择，浏览至 EXP 文件所在路径，点取 EXP 文件后，点击"Read"打开。对于本示例，需要在"C：\ gsas \ MyWork \ FAP"文件夹中新建一个名为 FAP 的 EXP 文件，具体过程为：在图 3-6 界面"文件夹内容显示区"点击

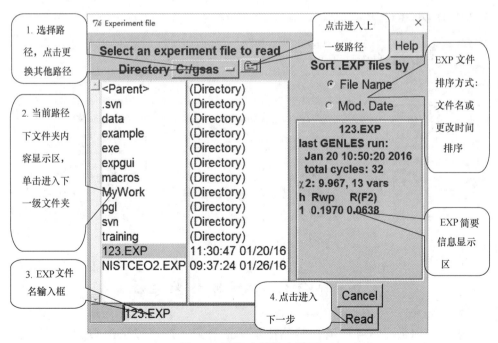

图 3-6　EXP 文件输入界面

MyWork 文件夹，然后点击"FAP"文件夹，在文件名输入框内输入 EXP 的名称"FAP"，点击"Read"进入下一步，会出现图 3-7 所示界面，提示 FAP 文件还未存在，点击"Create"，出现图 3-8 所示的界面，在输入框内输入标题 FAP，然后点击"Continue"，进入 EXPGUI 主界面。

图 3-7　新建一个 EXP 文件

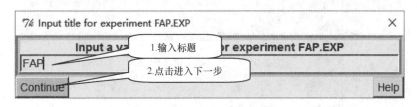

图 3-8　输入 EXP 的标题

3.2.2　精修过程

1. 输入物相

进入 EXPGUI 主界面如图 3-9 所示。软件界面显示为"Phase"选项卡，大部分选项卡都为灰色的，还不可以使用。

点击图 3-9 中的"Add Phase"输入晶体结构信息，进入的界面如图 3-10 所示。晶体结构参数可以直接输入，也可以通过晶体结构文件导入。这里选择 CIF 文件格式，点击"Import phase from"后跳出图 3-11 的对话框，选择 FAP. cif，然后点击"打开"，进入图 3-12 窗口，对导入的物相信息进行核对。一般标准 CIF 文件导入到 EXPGUI 不会出现错误，但需要仔细核对空间群信息。如果所有信息都没有错误，点击"Continue"，进入到核对对称性操作信息窗口，如图 3-13 所示，接着点击"Continue"进入图 3-14 所示界面。

在图 3-14 中，有时候 CIF 文件的 Uiso 值不正确，可以将其初始值都改为 0.01，后续再进行修正。接着点击"Add Atoms"，完成物相导入。

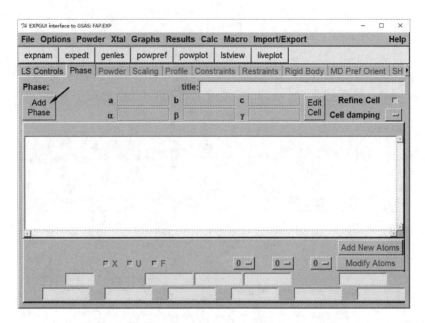

图 3-9　EXPGUI 软件主界面

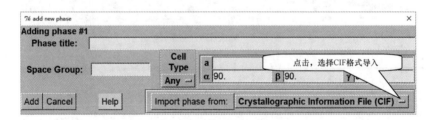

图 3-10　导入物相信息

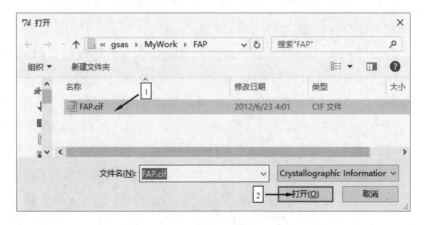

图 3-11　选择 CIF 文件

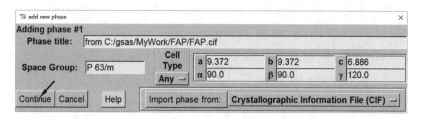

图 3-12 核对物相信息

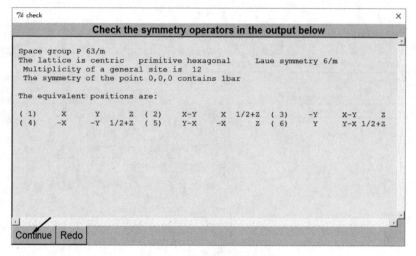

图 3-13 核对对称操作信息

#	Atom type	Name	x	y	z	Occ	Uiso	Use Flag
1	CA	CA1	0.33333	0.66667	0.001	1.0	0.01	☑
2	CA	CA2	0.242	0.992	0.25	1.0	0.01	☑
3	P	P3	0.397	0.367	0.25	1.0	0.01	☑
4	F	F4	0.0	0.0	0.25	1.0	0.01	☑
5	O	O5	0.325	0.485	0.25	1.0	0.01	☑
6	O	O6	0.591	0.469	0.25	1.0	0.01	☑
7	O	O7	0.34	0.258	0.07	1.0	0.01	☑

Adding atoms to phase #1

1.将所有Uiso初始值都改成0.01

More atom boxes

Add Atoms | Cancel | Import atoms from: **Crystallographic Information File (CIF)**

图 3-14 核对原子信息

2. 添加衍射数据和仪器参数文件

回到 EXPGUI 主界面，点击"Powder"选项卡，如图 3-15 所示，然后点击"Add New Histogram"按钮，出现图 3-16 所示界面。在"Data File"一行点击"Select File"，跳出的窗口中选择"FAP.GSA"数据文件，然后点击"打开"，完成衍射数据导入。接着在"Instrument Parameter File"一行点击"Select File"，在跳出的窗口中选择"INST_XRY.PRM"，然后点击"打开"，完成仪器参数文件导入。最后在界面中点击"Add"，窗口自动关闭完成添加。

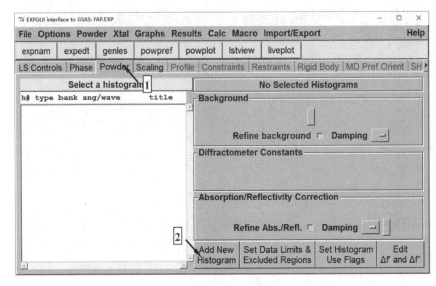

图 3-15　Powder 选项卡

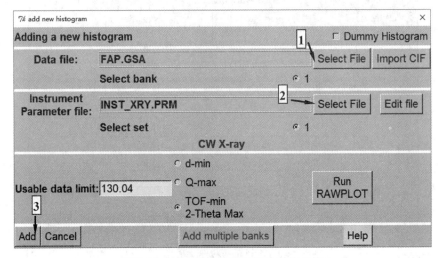

图 3-16　导入衍射数据和仪器参数文件

3. 计算衍射谱

在第 2 章已经介绍过，EXPGUI 采用 Rietveld 法精修时，如果 "Number of Cycles" 设置为零时参数不修正，只是利用现有参数进行衍射谱计算。计算衍射谱的目的是在参数精修前，给出合适的初始值，以便后续的精修更稳定。具体操作如下：在主界面中，点击 "LS Controls" 选项卡，将 "Number of Cycles" 设置为零，如图 3-17 所示，然后在常用按钮栏点击 "powpref"，运行后，根据窗口提示，按键盘上任意键继续，如图 3-18 所示。此时会提示 "FAP. EXP 已被改动，是否导入新的"，点击 "Load new"，如图 3-19 所示。接着在按钮栏点击 "genles" 程序，如图 3-20 所示，可以从运行窗口中查看拟合的 R 值等，然后按下键盘任意键，关闭窗口。此时程序也会出现图 3-19 所示的窗口，同样点击 "Load new"。

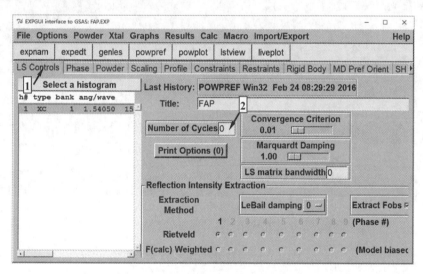

图 3-17　计算图谱设置 LS 参数

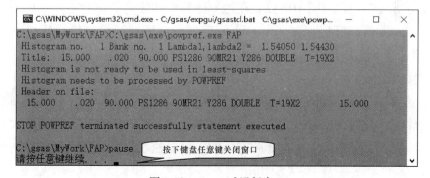

图 3-18　powpref 运行窗口

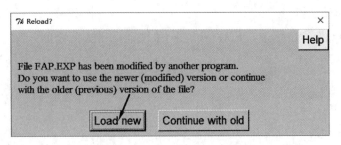

图 3-19　导入改动后的 EXP 文件

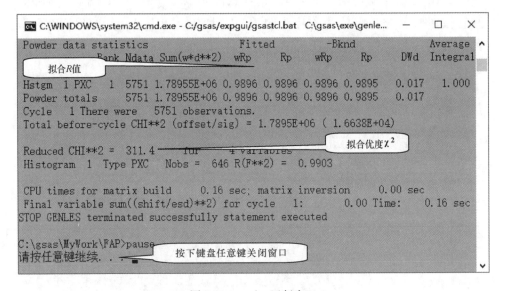

图 3-20　genles 运行窗口

在按钮栏点击"liveplot"，打开实时图示窗口，如图 3-21 左边所示。精修操作过程中，"liveplot"窗口实时显示出背底曲线、计算谱、实验谱、强度差值以及衍射线位置，从图中可以直观地判断拟合的优劣，一般精修过程中都保持"liveplot"窗口开启。在"liveplot"窗口显示区域通过鼠标操作可以对图谱进行缩放，观察局部的拟合情况。对想放大的区域先用鼠标左击一次，出现虚框，移动鼠标至一定范围后，再次左击鼠标，就可以完成局部放大，如图 3-21 的右边部分所示。可以多次重复上述操作逐渐放大，通过右击鼠标则取消当前的放大。当放大至足够大时，我们可以看出当前计算谱还比较弱，大概只有 500 计数，而实验谱大概有 20000 计数，可以通过设定定标因子来提高衍射峰计算强度。在主界面"Scaling"选项卡中，将"Scale"值设置为 40

（20000/500＝40），如图 3-22 所示。接着点击按钮栏"genles"，再次计算图谱（如果对何时运行"powpref""genles"有疑虑的话，保险起见可以在运行"genles"前都运行一下"powpref"）。再到"liveplot"窗口，通过鼠标左击操作对图谱最强峰区域进行局部放大，如图 3-23 所示，此时计算谱的强度为 15000 计数左右，与实验谱已经十分接近。

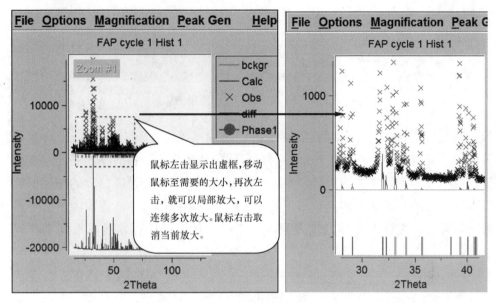

图 3-21　liveplot 窗口

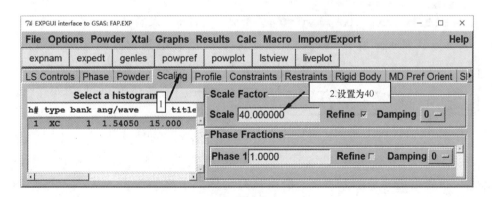

图 3-22　Scaling 界面

4. 参数修正

参数的修正顺序可以参考表 1-2 的建议：先定标因子，接着背底拟合（GSAS 可以采用定点拟合的方式，需人工确定背底的数据点，以一定的函数

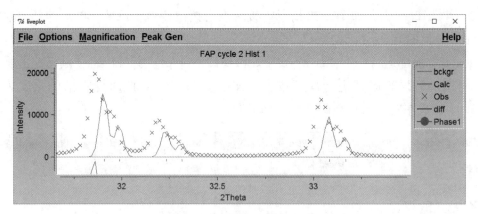

图 3-23　liveplot 窗口显示图谱局部

拟合背底，拟合参数可以留到后续修正）、晶胞参数、原子坐标、占位分数和各向同性温度因子，再就是峰形参数，最后为背底修正、各向异性温度因子和择优取向。这里需要说明的是，实际操作过程中并不一定遵循这样的顺序，可以根据拟合情况不断调整参数修正的先后顺序。精修过程中需逐步添加修正参数，不可以一次将太多参数加入修正，否则容易引起计算发散或得到不合理结果。

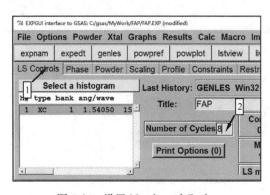

图 3-24　设置 Number of Cycles

（1）定标因子修正。前面估算衍射谱时，我们将"LS Controls"选项卡中的"Number of Cycles"设置为零，在参数修正时需要将其设置为一定的数值，这里取为 8，如图 3-24 所示。设置后，需要依次运行"powpref"和"genles"。由于定标因子"Scale"的精修标识一开始就是打钩的（图 3-22），两个程序运行后，首先修正的是定标因子。由于只有定标因子参与修正，从"genles"程序运行后的窗口输出可以看出，虽然 R 因子和拟合优度值 χ^2 都有下降，但仍还比较大。

（2）背底拟合。进入背底拟合程序的方式有两种，可以直接通过菜单操作，点击"Powder"菜单中的"bkgedit"程序。这里介绍另外一种方法，如

图 3-25 所示，在"Powder"选项卡（图 3-25 上图）中点击"Edit Background"按钮，出现图 3-25 下图窗口，点击"Fit Background Graphically"按钮，出现的窗口如图 3-26 所示。

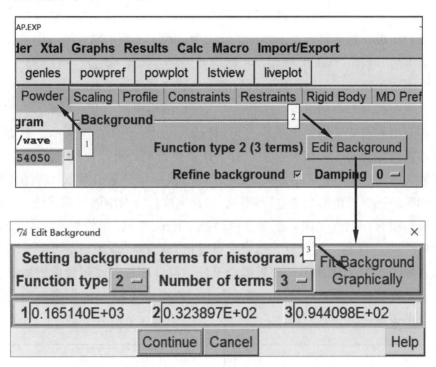

图 3-25　进入背底拟合的设置

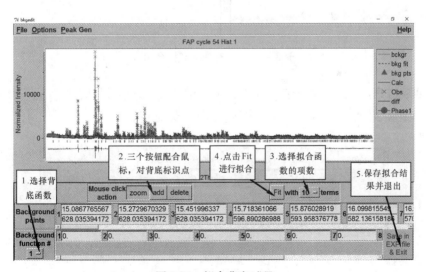

图 3-26　拟合背底过程

在窗口中首先选择背底拟合方程（"Background function"），这里选择方程 1。选定方程后，背底数据点标定可以通过程序界面中的"zoom""add"和"delete"三个按钮和鼠标操作配合来确定。①先点击"zoom"按钮，然后对想放大的区域，点击鼠标左键，图谱中显示一个虚框，移动鼠标使虚框覆盖所要放大的区域，然后再次点击左键，完成图谱放大，右击则取消一次缩放。②逐级放大后，点击"add"按钮，在图谱背底处左击鼠标一次，背底上就会出现一个小三角形标识的点。以一定间隔点击背底，添加更多的点，直至视图所在的区域中都分布有标识点。③然后右击鼠标缩小图谱。不断重复①～③的操作，直至衍射谱背底均匀地被小三角形标识，如图 3-27 左图所示。手动标识的点都需落在背底上，如果添加点时不慎偏离背底，可以使用"Zoom"结合鼠标放大图谱后，点击"delete"按钮，此时鼠标指针显示圆圈，将圆圈对准所要删除的标识三角形左击进行删除。标识完成后，对图谱不同区域进行放大检查确认所有标识点无误，设置方程项数"terms"，这里设置为 10，接着点击"Fit"拟合背底，再次放大图谱，查看拟合曲线（虚线）是否完全落在背底上，如图 3-27 右图所示。如果拟合不好，可以改变背底函数或增加拟合的标识点，直到获得满意的结果。最后点击"Save in EXP file & Exit"完成拟合并退出该窗口。

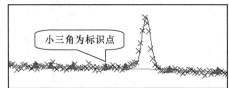 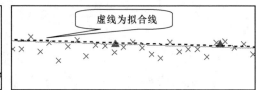

图 3-27　背底标识点和拟合曲线

回到"Powder"选项卡，此时"Refine background"的精修标识不要打钩，如图 3-28 所示，后续再进行背底拟合参数修正。

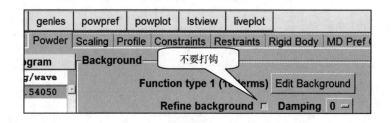

图 3-28　Refine background 精修标识设置

（3）晶胞参数修正。接着点开"Phase"选项卡，将"Refine cell"精修标识打钩，释放晶胞参数参与修正，如图 3-29 所示。依次运行"powpref"和"genles"程序。运行后，R 因子和 χ^2 进一步降低。

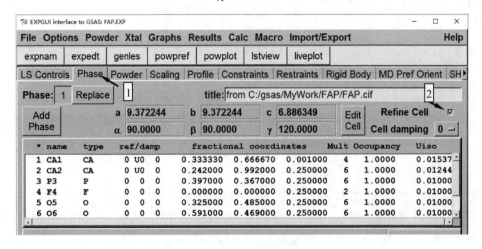

图 3-29　修正晶胞参数

（4）峰形参数修正。点开"Profile"选项卡，将"Peak cutoff"设置为0.001，并释放 GW 参数参与精修，如图 3-30 左图所示。依次运行"powpref"和"genles"后，在"liveplot"窗口中，对最强峰区域进行局部放大，可以看出峰的位置还有偏离，如图 3-30 右图所示。

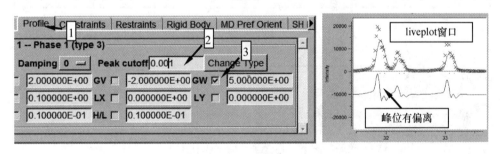

图 3-30　修正"GW"参数

进一步将峰形参数"shft"加入修正，如图 3-31 左图所示，依次运行"powpref"和"genles"后，R 值和拟合优度值已经变得很小，在"liveplot"窗口可以看出计算峰形已经很接近实验谱了，但强度还不够高。接着依次将参数"LY""GV"加入修正（记得每勾选一个参数后都要运行"powpref"和"genles"），如图 3-32 和图 3-33 所示，R 值和拟合优度值持续下降。

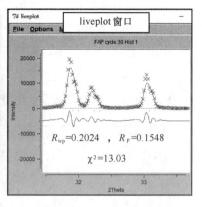

图 3-31　修正"shft"参数

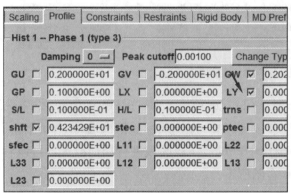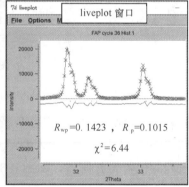

图 3-32　修正"LY"参数

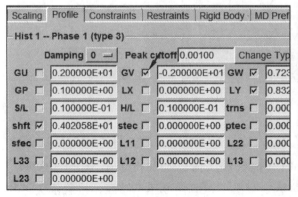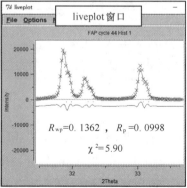

图 3-33　修正"GV"参数

（5）热振动参数修正。原子热振动参数修正顺序从重原子到轻原子。点开"Phase"选项卡，在原子信息显示区中，对 CA1 和 CA2 原子选中（Ctrl 键＋鼠标左击），并勾选"U"进行修正，如图 3-34 所示。运行"powpref"和"genles"后，拟合优度 χ^2 稍有降低。

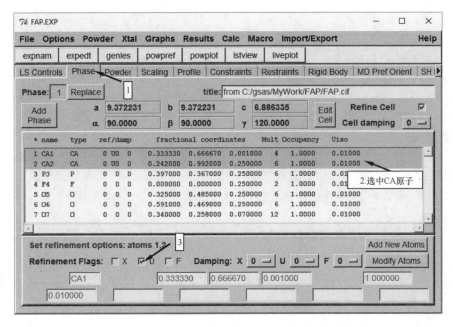

图 3-34　修正 CA 原子"U"参数

（6）再修正峰形参数。再点开"Profile"选项卡，依次将参数"LX""GU"和"trns"加入修正（记得每勾选一次参数后都要运行"powpref"和"genles"），如图 3-35 所示，拟合优度 χ^2 进一步降低为 4.315。

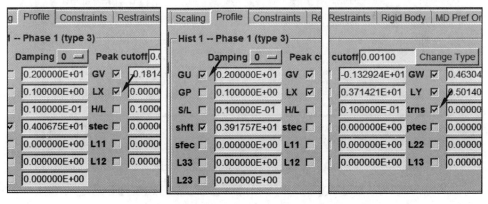

图 3-35　修正峰形参数"LX""GU"和"trns"

（7）修正背底参数。点开"Profile"选项卡，将"Refine background"勾选，进行背底拟合参数修正，如图 3-36 所示。依次运行"powpref"和"genles"，拟合后 R_{wp} 值降至 9.42%，R_p 降至 7.29%，χ^2 降低为 2.831，拟合结果已经是可接受的。可以对一些参数进一步修正，进一步降低 R 值和拟合优度值。

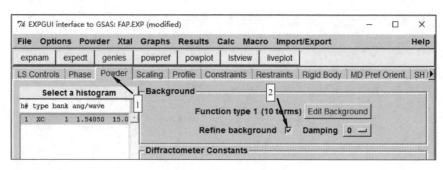

图 3-36　修正背底参数

（8）其余原子热振动参数的修正。点开"Phase"选项卡，在原子信息显示区，将还未修正的原子用"Ctrl＋鼠标左击"都选中，勾选"U"进行修正，如图 3-37 所示。依次运行"powpref"和"genles"，R 值和 χ^2 进一步稍微降低。

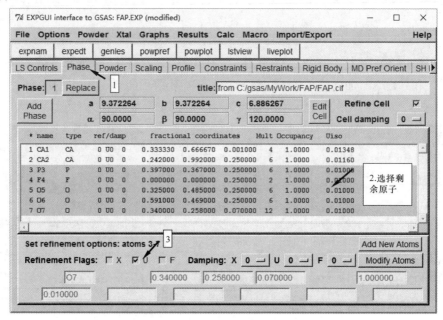

图 3-37　修正其余原子"U"参数

（9）择优取向校正。最后采用球谐函数法进行择优取向校正。点开"SH Pref Orient"选项卡，选择"Spherical Harmonic Order"为2，"Sample symmetry"设置为None，将"Refine ODF coefficients"精修标识勾选，如图3-38所示，然后依次运行"powpref"和"genles"。接着可以尝试提高"Spherical Harmonic Order"为4，然后依次运行"powpref"和"genles"。最后得到的R_{wp}值为8.96%，R_p为6.84%，χ^2降低为2.568。在"liveplot"窗口中对不同角度的图谱进行检查，可以发现计算谱和实验谱都符合得很好，如图3-39所示，精修过程完成。本示例的详细操作教程可以扫描本书第134页二维码2下载。

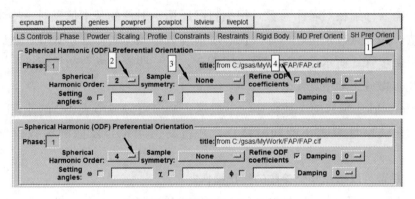

图3-38 "SH Pref orient"校正

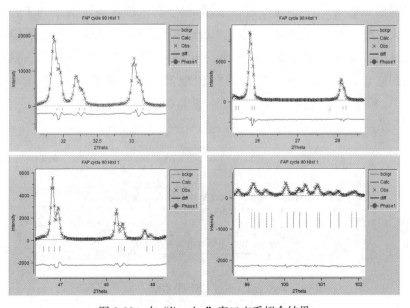

图3-39 在"liveplot"窗口查看拟合结果

3.2.3 常见问题

前面是一个完整的精修过程示例，初学者在学习 EXPGUI 软件过程中可能会遇到以下一些问题：

1. 没有仪器参数文件怎么办？

仪器参数文件与所用的仪器相关，需要采用标样测试后建立，详见第 4 章示例一。同一台衍射仪测试的数据可以使用相同的仪器参数文件。有些使用者为了方便，采用其他型号衍射仪的仪器参数文件来代替，虽然参数范围相近，但是有可能给结果带来一些错误信息（特别是峰形函数中 S/L 和 H/L 值）。导入后需要仔细核对各个参数，根据自己所用衍射仪的基本信息对一些参数进行修改，如零点校正值、POLA 值、峰形参数中的不对称性系数等。然后采用前面示例步骤 3 所示的方法试算一下图谱，对一些峰形参数初始值进行调整。

2. 参数修正顺序是什么？

Rietveld 法精修的参数众多，参数修正顺序可以参考表 1-2 的建议。基本原则就是关联性参数不能同时修正，并将易引起拟合发散的参数留到最后修正。

3. 是否可以撤销某个参数的修正操作？

在 EXPGUI 中，当对某个参数勾选参与精修后，运行完"genles"程序，先不要退出该窗口，仔细查看窗口显示的 R 值和拟合优度值，如果发现两个指标变大，想放弃此次修正。根据"genles"窗口的提示，先按下键盘任意键，在跳出的提示框中选择"Continue with old"，如图 3-40 所示。此时参数数值回到修正前，再将该参数精修标识取消勾选，依次运行"powpref"和"genles"，根据提示选择"Load new"，就可以完成一次撤销。

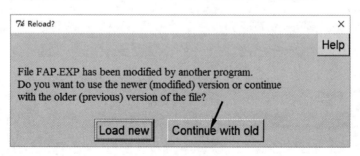

图 3-40 EXP 提示框

4. 如果想退回去更多步操作怎么办?

前面的操作只能退回一步,如果想退回到更多步,可以采用备份的 EXP 文件。点击"File"菜单,选择"Open"菜单项,跳出的窗口如 3-41 上图所示,勾选"Include Archived Files",就可以显示 EXP 备份文件了。用鼠标点击备份文件,可以显示其拟合优度和 R 值。选择某个备份文件后,点击"Read",会跳出对话框,如图 3-41 下图所示,可以从新设置一个 EXP 名称,也可以使用原有的名称。选择后,就可以发现主界面勾选的参数已经退回到更早之前的。

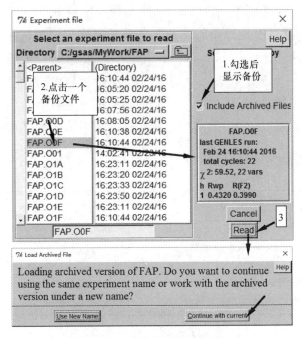

图 3-41 打开 EXP 备份文件

5. 精修后 R 值和拟合优度很大怎么办?

首先确定是否是由于实验谱质量不够好引起的,计数强度是否足够高? 可以增加每步的停留时间进行重测图谱,再次精修看是否改善。仔细检查计算谱和实验谱差异看峰形是否很好拟合。如果峰形拟合不好,可以改变峰形函数,重新修正。检查结构模型是否完整,是否需要加入新的原子。可以尝试在精修初期只修正少量参数,将一些参数固定不修正,人为增加或减少一定的数值后,确认 R 值是否改善。另外也可以改变参数的修正顺序。

6. 添加某个参数进行修正后计算发散怎么办？

发现结果发散后，先退回去一步（见问题 4. 回答），将该参数留到后续修正，等 R 值和拟合优度较小时，再来修正该值。

3.3 精修结果提取与绘图

3.3.1 精修结果提取

精修后可以获取很多的信息，如晶胞参数、定量分析结果（多相）、晶粒大小、微观应变以及键长键角等。大部分参数都修正完后，在 EXPGUI 软件主界面中，点击按钮栏中"lstview"查看工作文件夹中的 . LST 文件，可以获得大部分的信息。如果要查看以往的 . LST 文件可以直接浏览至文件路径，例如上面的示例，浏览至 C：\ gsas \ MyWork \ FAP，在 FAP 夹中找到FAP. LST 文件，对其右击，在打开方式中选择记事本或写字板，如图 3-42所示。

图 3-42 以文本方式打开 . LST 文件

EXPGUI 中打开的"lstview"窗口如图 3-43 所示，通过滚动条查看精修的 R 值、拟合优度、原子坐标、修正后的晶胞参数、峰形函数参数以及定量分析结果（多相）。从峰形函数参数还可以提取晶粒宽化和微观应变等信息，具体计算公式见 GSAS 手册，也可以查阅参考文献 [19]。相关的公式和操作过程可以参考本书"4.4 计算晶粒大小及微观应变"部分。

另外还可以提取原子键长、键角等信息。从菜单栏"Results"菜单中选择"disagl"菜单项，跳出"DISAGL Control Panel"窗口，如图 3-44 所示。点击"Save and run DISAGL"，显示如图 3-45所示窗口。从窗口中可以查看键长、

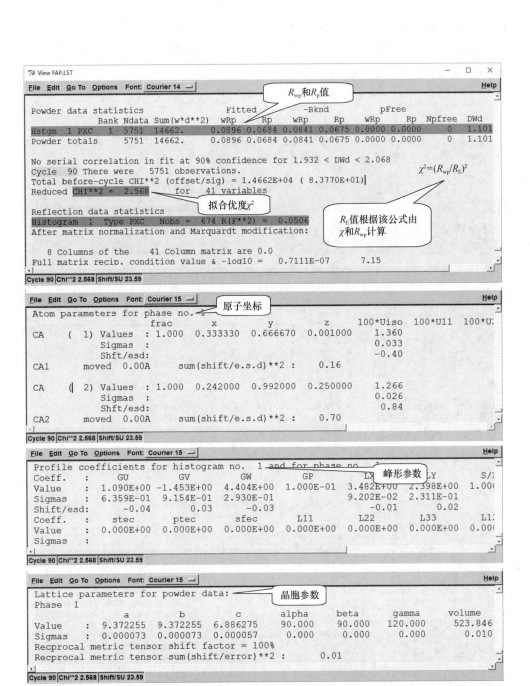

图 3-43　"lstview"窗口

键角等信息，在窗口底部可以通过按钮拷贝或存储结果。另外可以在菜单"Graphs"中点击"widplt"，打开窗口查看峰形半高宽曲线，还可以将拟合结果输出其他软件可以读取的各种格式文件，这里就不一一列举。

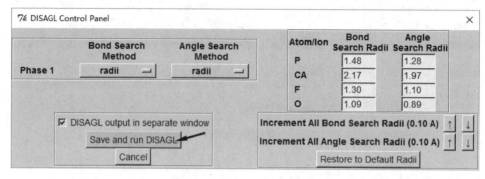

图 3-44　"disagl"控制界面

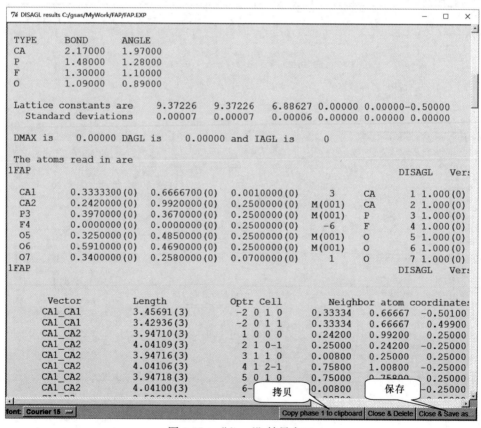

图 3-45　"disagl"结果窗口

3.3.2 精修图谱绘图

在期刊论文中通常还要求提供精修图谱，包括实验谱、计算谱、前两者差值以及衍射线位置等信息。在"liveplot"窗口中，可以通过"File"菜单中"Export plot"菜单项，将精修图谱输出为 .PS、PDF 以及 .csv 等格式，如图 3-46 所示。.csv 格式文件包含有图谱的原始数据，可以方便用数据绘图软件画图。这里以常用的绘图软件 Origin（8.0 版本）来示范如何绘制。详细操作教程可扫描本书第 134 页二维码 2 下载。

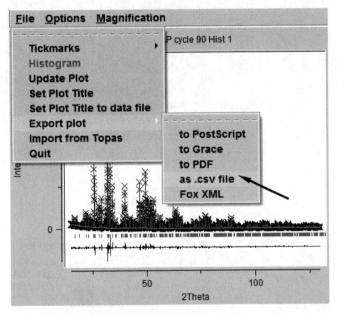

图 3-46 保存为 .csv 文件

首先在"liveplot"窗口"File"菜单中"Export plot"菜单项中点击"as. csv file"，将精修后的图谱保存为 .csv 格式，然后双击在 Excel 中打开，如图 3-47 所示，绘图需要其中的角度列、强度实验值、强度计算值、强度差值以及衍射峰位置五列数据。需要注意的是，文件所给的强度差值已经过处理，由实际数值减去一定值（这里为 2192），这样画图时强度差值和实验谱就可以隔得更开一些。

接着打开 Origin 软件，在 Excel 软件中将角度、强度实验值、强度计算值和强度差值这四列数据拷贝，粘贴于 Origin 软件中的"Book1"中。在 Origin 中再新建一个"Book2"，将 Excel 中衍射峰位置那一列拷贝至"Book2"中 A（X）

列，右击"Book2"的 B（Y）列，选择"Set Column Values"，将数值设为－800（可以根据实际情况进行调整），如图 3-48 所示。在 Origin 中，首先将"Book1"中四列数据选上绘制线图"Graph1"。在"Graph1"中，对左上角的图层编号"1"

	A	B	C	D	E	F	G	H
1	x axis range 15.0 to 13							
2	x axis label 2m							
3	y axis range	985						
4	y axis label Intensity							
5	Columns are X I(obs)	I(Calc)	I(b)	Obs-Calc cum chi**2 refpos ref				hase ref-hkl
6	15	09	623.	03	623.8541	-2	6.99	10	9093	1
7	15.02	612	622.	122	622.7732	-2	02.91	10	91787	1
8	15.04	673	621.	361	621.6943	-21	40.83	16.	86982	1
9	15.06	619	620.4617		620.6171	-2193.76		16.	91174	1
10	15.08	627	619.3893		619.5419	-2184.69		18.	92105	1
11	15.1	609	618.3185		618.4684	-2201.62		18.	96815	1
12	15.12	549	617.2497		617.3969	-2260.55		21.	88175	1
13	15.14	635	616.1826		616.3271	-2173.48		21.	93639	1
14	15.16	649	615.1174		615.2593	-2158.42		22.	9355	1
15	15.18	627	614.054		614.1933	-2179.35		22.	99285	1
16	15.2	569	612.9924		613.1292	-2236.29		25.	45371	1
17	15.22	602	611.9326		612.0668	-2202.23		25.	51755	1
18	15.24	591	610.8747		611.0063	-2212.12		25.	85359	1
19	15.26	614	609.8185		609.9476	-2188.12		25.	91847	1

角度列　强度实验值　强度计算值　强度差值　衍射峰位置

图 3-47　打开 .csv 文件

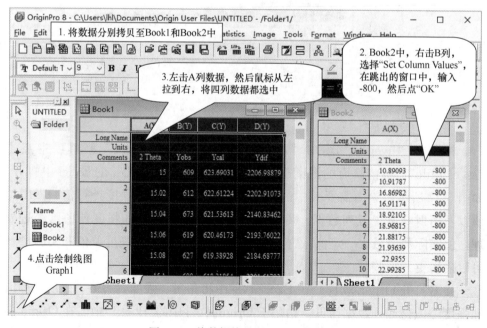

图 3-48　将数据拷贝至 Origin 软件中

右击，再点击选择"Layer Contents"，如图 3-49 左图。点击后跳出图3-49右边窗口，将 book2 _ b 添加到图层 1 中，点击"OK"，这时"Graph1"中就绘出一条直线。在"Graph1"中，对着所画图谱线图右击，选择"Ungroup"。接着对图谱进行双击，进入"Plot Details"窗口，设置各个数据的绘图类型，可以参考图 3-50设置。设置完绘图类型后，可以调整图层的区域大小，对绘图区加上边框、坐标信息和文字说明等，最后就可以获得文献中常见的精修结果图谱了，如图 3-51 所示。

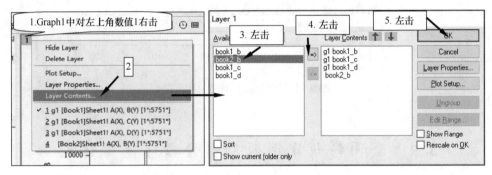

图 3-49　将 Book2 的数据添加到 Graph1 中

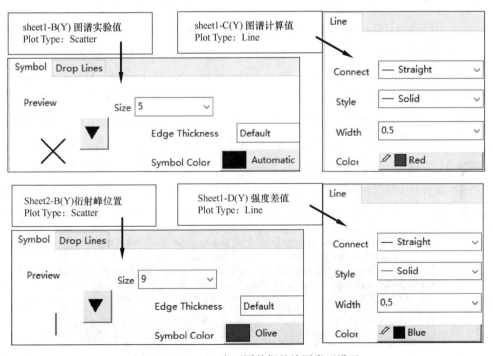

图 3-50　Graph1 中不同数据的绘图类型设置

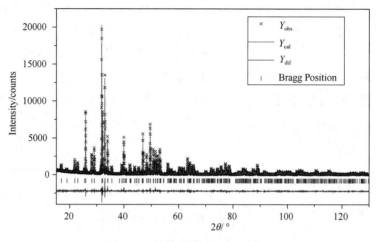

图 3-51　精修图谱绘图最后结果

3.4　空间群设定问题及图谱精修范围设定

3.4.1　空间群设定问题及解决

采用 EXPGUI-GSAS 软件导入某些晶体结构文件后，有时候会遇到如图 3-52 所示的提示信息："Note that this space group（F d-3m）has both Origin 1 and Origin 2 settings. Origin 2 must be used in GSAS. Please check atom multiplicities（or use the Results/composition command）to verify you have the correct origin setting. Note that the Xform Atoms/Xform Origin 1 to Origin 2 button can be used to correct this."这是由于 Orthorhombic（斜方）、Tetragonal（四方）和 Cubic（立方）晶系具有两种原点设置（two origin settings），在 GSAS 软件中的晶体结构只能采用 Origin 2 设置。而晶体结构数据库查询到的晶体结构文件较多采用的是 Origin 1 设置。因此对于这些空间群，导入晶体结

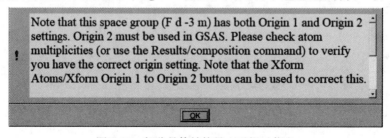

图 3-52　部分晶体结构导入后提示信息

构后 GSAS 都会提示是否采用了 Origin 2 设置。如果忽略提示，导入 Origin1 设置的晶体结构，GSAS 最终拟合出来的峰位将不正确。解决此问题有两种方法：第一种是根据 Origin 1 和 Origin 2 转换关系在导入晶体结构后转换；第二种是直接导入 Origin2 设置的晶体结构文件。

第一种解决方法以 Si 为例，ICSD 数据库查询 Si 晶体结构时，在结果中点击编号 41979 结构文件，详细信息 Std. Notes 中给出了两种原点坐标的转换关系，如图 3-53 所示。其空间群为 F d -3 m，如果是 Origin 1 为原点，Si 原子占位为 8a，原子坐标为（0，0，0）；若以 Origin 2 为原点，Si 原子坐标为（0.125，0.125，0.125）。下面演示如何进行坐标转换。扫描本书第 134 页二维码 1 下载 Si 文件夹，该数据为笔者实测多晶 Si 标样 X 射线衍射数据。将其拷贝至 "C：\ gsas" 的 "MyWork" 文件夹中。打开 EXPGUI 软件，浏览至该文件夹，新建一个 SI. EXP 文件，在 "Phase" 选项卡，点击 "Add Phase"，跳出的界面中在 "Import phase from" 处选择 "Crystallographic Information File"，导入 Si 文件中的 "Si. cif" 结构文件，界面中会提示 "Warning"，把 "Space Group" 框中 "S" 删除，然后点 "Continue"，如图 3-54 所示。在跳出的窗口中点击 "Continue" 后，出现如图 3-52 的信息提示，点 "OK"，跳出如图 3-55 所示窗口，将 "Atom type" 改为 "Si"，给定 Uiso 初始值后，点 "Add Atoms" 完成晶体结构文件导入。

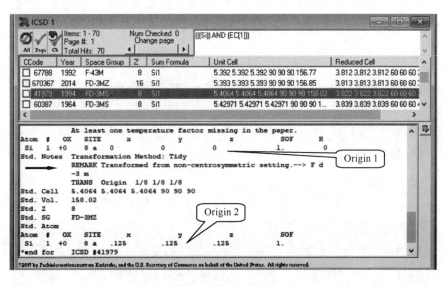

图 3-53　ICSD 数据库晶体结构详细信息

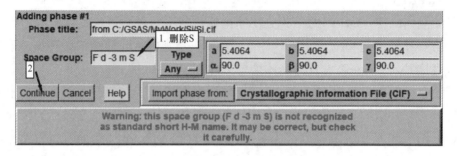

图 3-54　Add new phase 界面

从图 3-55 可以看出，导入的原子坐标为 Origin 1 的设置，需转换为 Origin 2。在 "Phase" 选项卡中，点中 "Si" 原子（如果物相中有多个原子需一起选中），然后单击 "Modify Atom"，在跳出的窗口中单击 "Xform origin1 to origin2"，自动完成 origin1 到 origin2 坐标的转换，步骤如图 3-56～图 3-58 所

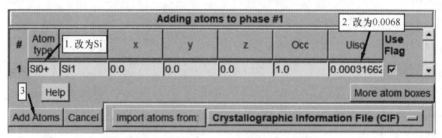

图 3-55　Adding atoms to phase 界面

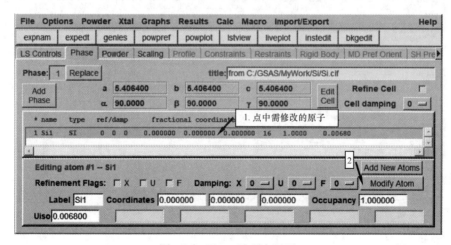

图 3-56　Phase 选项卡界面

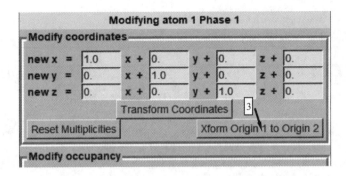

图 3-57　Xform Origin1 to Origin2 操作界面

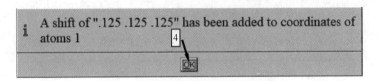

图 3-58　确认原子坐标修改信息

示。转换完成后，需回到 "Phase" 选项卡查看一下原子坐标是否正确，如本例中原子坐标已修改为 Origin 2 的设置，如图 3-59 所示。

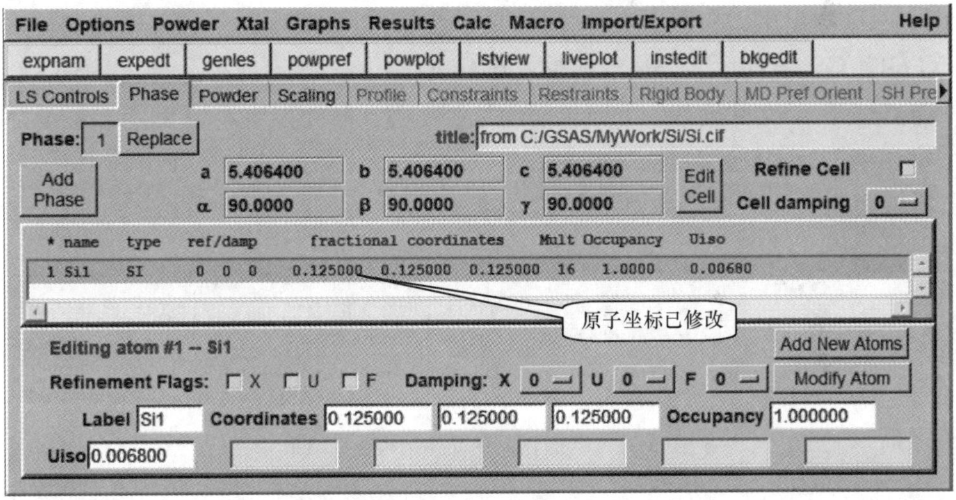

图 3-59　Phase 选项卡

　　如果导入的晶体结构比较简单，也可以直接在 "Phase" 选项卡中选中原子对其坐标进行修改。如图 3-60 所示步骤，在 "Phase" 选项卡中点中需修改的原子，在 "Coordinates" 中输入新坐标即可，如 Si 为 (0.125，0.125，0.125)。

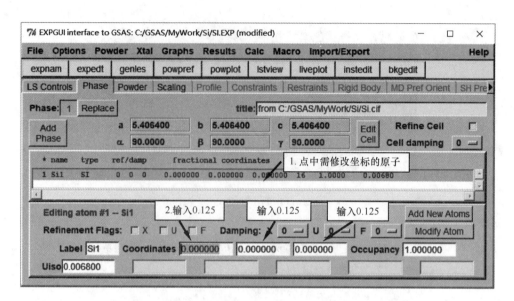

图 3-60　修改原子坐标

第二种解决方法是直接导入以 Origin 2 为原点的晶体结构文件。以 Si 为例，在 Crystallography Open Database（以下简称 COD）检索晶体结构时，查询的结果中就有区分 Origin 1 和 Origin 2。如图 3-61 中，ID 号 9008565 为 origin 1，ID 号 4507226 为 origin 2。只要下载 ID 4507226 的 cif 文件，将其导入 EXPGUI-GSAS 即可。需注意的是，在 COD 中下载的 cif 文件，导入 GSAS 软件前需打开 cif 文件确认一下原子坐标是否正确。另外，导入 COD 下载的晶体结构，在"Add new phase"界面中会显示"Space group"为"F d -3 m：2"，需将后面的"：2"删除，再点"Continue"。

| 4507226 | CIF | Si | F d -3 m :2 | 5.43; 5.43; 5.43 90; 90; 90 | 160.103 | Stefanoski, S.; Blosser, M. C.; Nolas, G. S. Pressure Effects on the Size of Type-I and Type-II Si-Clathrates Synthesized by Spark Plasma Sintering *Crystal Growth & Design*, **2013**, *13*, 195 |
| 9008565 | CIF | Si | F d -3 m :1 | 5.4307; 5.4307; 5.4307 90; 90; 90 | 160.165 | Wyckoff, R. W. G. Second edition. Interscience Publishers, New York, New York Sample at T = 300 K *Crystal Structures*, **1963**, *1*, 7-83 |

图 3-61　COD 网站的晶体结构查询结果

3.4.2　设定精修角度范围

在进行结构精修时，有时需对衍射谱角度范围进行调整，或者需要排除部分角度范围，可以运行"excledt"程序进行设置。创建 EXP 文件后，接着导入晶体结构、衍射谱数据以及仪器参数文件，先运行"powpref"和"genles"，然后在 "Powder" 菜单中点击 "excledt"，跳出如图 3-62 所示界面。"Mouse click action" 的三个按钮中，"zoom" 用于衍射谱缩放，"Add region" 用于添加一个排除精修的区域，"Delete region" 则为取消一个排除精修的区域。"Excluded Regions" 处，"<" 为设定衍射谱的全谱最小角度，">" 为设定衍射谱的全谱最大角度。设定角度范围后点击 "Save & Finish" 完成设定，并退出 "excledt" 程序。下面演示如何进行角度设定，操作教程可扫描本书第 134 页二维码 2 下载。

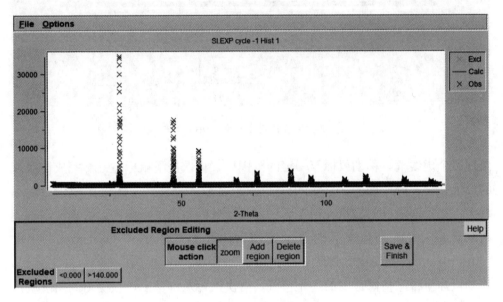

图 3-62　excledt 程序界面

（1）设定全谱的最小和最大角度范围。在图 3-62 界面中，分别点击 "Excluded Regions" 处的 "<" 和 ">"，跳出如图 3-63 所示界面。输入最小角度和最大角度后点 "OK"，设定完后如图 3-64 所示。如需再次设定范围，可再次点击两个按钮，再分别输入数值。

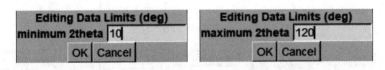

图 3-63　设定全谱的最小和最大角度范围

（2）添加排除精修区域。首先放大需要排除精修的区域。具体操作为：点击 "zoom" 后，将鼠标移至图谱显示区域，对需要放大的区域按下鼠标左键，

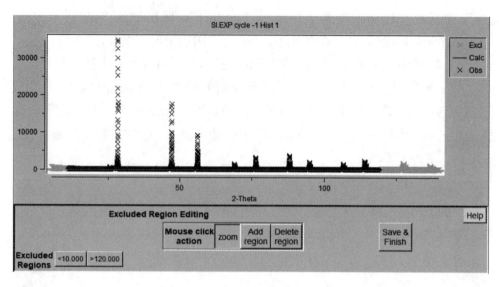

图 3-64　完成最小和最大角度设定

出现一个虚线框，移动鼠标至一定的范围后，再次按下鼠标左键，完成该区域的放大显示，操作如图 3-65 所示。可以重复放大操作，对图谱区域进行逐级放大。如果取消放大显示，则在图谱显示区域内右击鼠标即可，可多次右击逐渐取消放大。放大至合适的显示视图后，点击 "Mouse click action" 中的 "Add region"，在图谱需排除精修范围起始位置上单击，出现黄色高亮标识，移动鼠标至排除精修范围的终止位置，再次鼠标左键单击，在跳出的角度确认

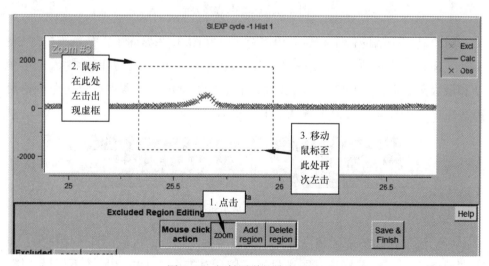

图 3-65　衍射图谱的放大显示

窗口点击"OK",过程如图 3-66 所示。"Excluded Regions"中就会出现该排除精修的角度范围,如图 3-67 所示。如果想精确设定该范围角度值,可以在"Excluded Regions"中点击该角度范围,在跳出的窗口"minimum 2theta"和"maximum 2theta"中输入具体角度数值,然后点"OK"完成设置,过程参考图 3-67。可以重复上面的步骤,添加多个排除精修的角度范围。

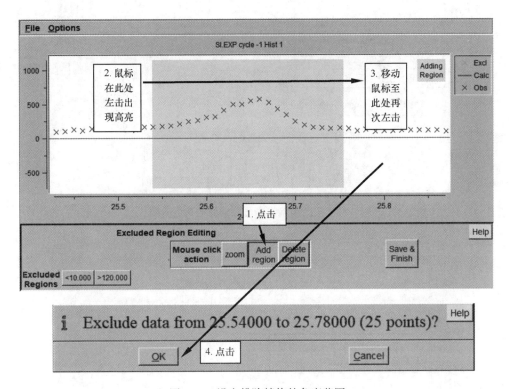

图 3-66　设定排除精修的角度范围

(3) 删除已设定的排除区域。如果想删除已设定的排除区域,可以先点击"zoom",然后通过鼠标操作进行图谱显示区域放大。待删除设定区域放大后,按下"Mouse click action"中"Delete region"按钮,将鼠标移动至该区域,光标变为两个同心圆圈,在需要删除的设定区域左击,跳出确认删除窗口,则该区域取消排除,步骤如图 3-68 所示。重复上述步骤,可以删除其他区域。待全谱精修范围的最小角度、最大角度以及排除区域都设定完毕后,点击"Save&Finish",保存设定并退出"excledt"程序界面。

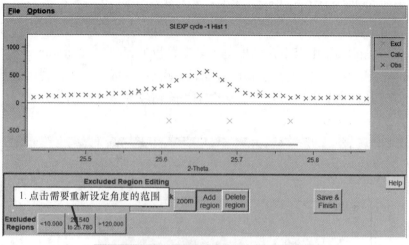

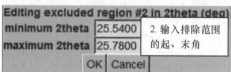

图 3-67　重新精确设定排除精修的角度范围

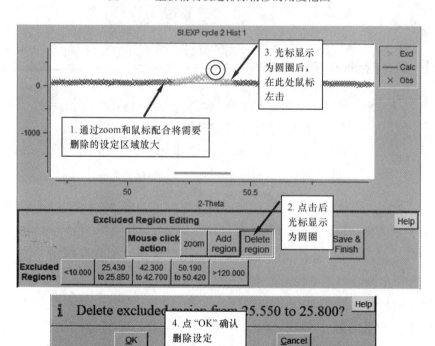

图 3-68　删除已设定的排除精修的范围

3.5　定制 EXPGUI

3.5.1　设定打开 EXPGUI 后默认文件夹位置

右击 EXPGUI 电脑桌面图标，选择"属性"，在跳出的窗口中，点击"快捷方式"选项卡，"起始位置"框内的文件夹路径为打开 EXPGUI 后选择 EXP 文件的位置，如图 3-69 所示，可改为自己需要的路径。在属性其他选项中，如"字体"选项卡可以设置程序（如 expedt、powpref 等）运行窗口的字体类型和字体大小等，"颜色"选项卡可以设置程序运行窗口的字体和屏幕背景颜

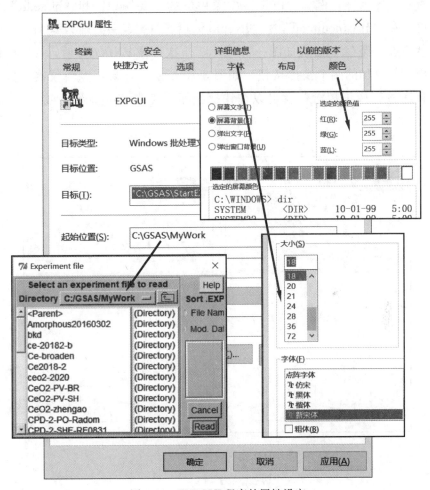

图 3-69　EXPGUI 程序的属性设定

色等，感兴趣的读者可根据自己喜好设置。设定后点窗口下方的"确定"完成设置。

3.5.2 定制 EXPGUI 的快捷按钮栏

EXPGUI 中设置了一排快捷按钮栏，点击后可以运行"expedt""genles""powpref"等程序，无需在菜单栏中下拉选取。使用者也可自行设定常用程序快捷按钮。在 EXPGUI 安装路径下的 EXPGUI 文件夹中（如 C：\ GSAS \ expgui），找到"gsasmenu. tcl"文件，右击点"打开方式"，选择"写字板"，然后确定。打开文件后，下拉至最后位置，找到"set expgui（buttonlist）"内容，可以看到已设定的快捷按钮名称。如果想自行添加，需先在 EXPGUI 菜单中查看程序名称，例如"Powder"菜单下的"instedit"和"bkgedit"这两个程序。在"gsasmenu. tcl"中"liveplot"后各自另起一行输入这两个程序名称，然后点"保存"，过程如图 3-70 所示。下次打开 EXPGUI 后，快捷按钮栏就会出现新增加的两个快捷按钮，如图 3-70 所示。如果需编辑仪器参数文件或对背底进行标识拟合，就可以在快捷按钮栏点击"instedit"或"bkgedit"运行。

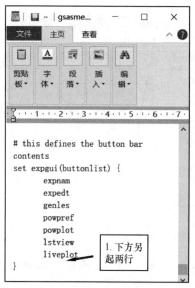
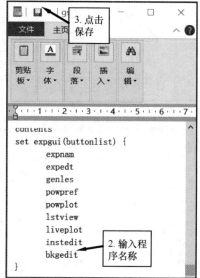

图 3-70　定制快捷按钮栏（一）

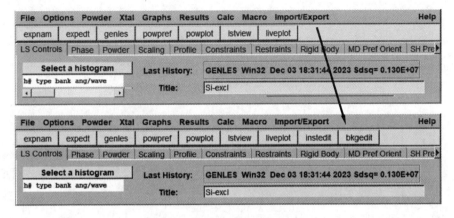

图 3-70 定制快捷按钮栏（二）

4　EXPGUI-GSAS 提高练习

本章将介绍其他精修示例，以期读者能更熟练地掌握 EXPGUI-GSAS 操作。示例中部分数据来自加拿大粉末衍射研讨会（简称 CPDW）资料，其中"gsas＿cpdw＿2012＿workshop.docx"文档为操作说明，"cpdw.zip"为数据文件。定量分析数据为笔者实测。计算晶粒大小和微观应变数据来源于晶粒尺寸和应变循环测试数据。示例数据可扫描本书第 134 页二维码 1 下载。

4.1　仪器参数文件的建立

4.1.1　基本知识

首先用写字板打开第 3 章示例中使用的仪器参数文件"INST＿XRY.PRM"查看其信息。打开后如图 4-1 上图所示，将仪器参数文件导入 EXPGUI 后显示内容

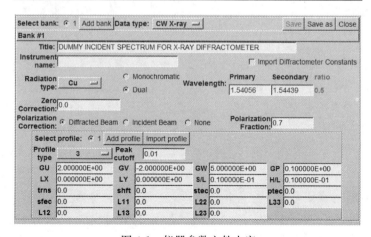

图 4-1　仪器参数文件内容

如图 4-1 下图所示。从图中可知，仪器参数文件包含射线的类型、波长、零点校正值、极化因子和仪器峰形相关的参数等。这些仪器参数中不包括与样品相关的参数，因此峰形参数"trns"和"shft"在文件中被设置为零。

建立仪器参数文件需采用标准样品（如 NIST 的 CeO_2 粉末）测试一张图谱，对图谱进行精修获得修正的峰形函数等信息，然后保存。测试图谱前，仪器需要用标准样品（NIST 的 640C Si 或 LaB_6）仔细校准，以获得零点校正值。下面以 CPDW 的数据为示例，详细介绍仪器参数文件如何建立。

4.1.2 操作过程

1. 建立 EXP 文件

"cpdw. zip"解压后，将其中"ceo2newxrd"文件夹复制至"C：\ gsas \ MyWork"中。进入网站"http：//www. crystallography. net"，通过 COD 号 4343161 查找 CeO2 的 CIF 文件，下载后拷贝至"ceo2newxrd"文件中。双击计算机桌面"EXPGUI"图标，在"Experiment files"窗口中点击文件夹名称"Mywork"后再点击"ceo2newxrd"，输入 EXP 名称为 CeO2，点击"Read"，接着点击"Create"，在跳出窗口中输入 CeO2，点击"Continue"，进入 EXPGUI 主界面，过程如图 4-2 所示。

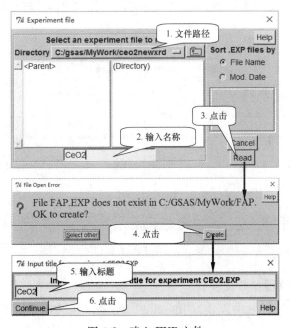

图 4-2　建立 EXP 文件

2. 导入晶体结构

在主界面中，点击"Phase"选项卡中"Add Phase"，如图 4-3 所示，在跳出的窗口中选择以 CIF 格式导入晶体结构，在跳出的窗口中选择"4343161.cif"，点击"打开"，将晶体结构导入，如图 4-4 所示。核对信息后，接着点击"Continue"进入对称操作核对窗口，核对无误后，再点击"Continue"，进入添加原子窗口，如图 4-5 所示，将两个原子的 U_{iso} 数值都改为 0.01 作为初始值，后续再修正。接着点击"Add Atoms"完成晶体结构导入。

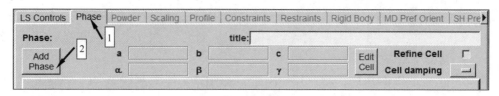

图 4-3　Phase 选项卡

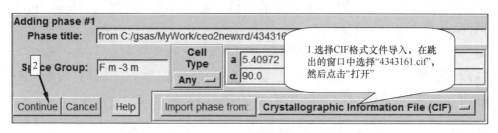

图 4-4　添加相窗口

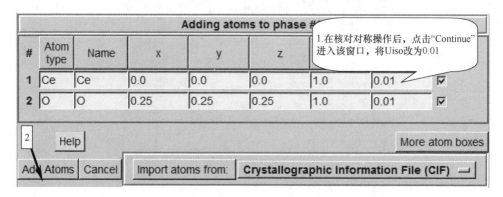

图 4-5　添加原子窗口

3. 生成初始仪器参数文件

在"powder"菜单中点击"Instedit"程序，在跳出的窗口中，点击底部的"取消"按钮，跳出如图 4-6 所示窗口。根据图中所示的参数设置仪器的初始值。这些值中，POLA 值的设置参考前面第 2 章的讨论，在有石墨单色器的情况下，IPOLA 设置为 1，POLA 约为 0.81。峰形函数这里选择 P-V/FCJ Assym 函数，不对称参数 S/L 根据射线源尺寸与样品-探测器距离之比计算，H/L 为探测尺寸与样品-探测器距离之比，该例子中样品-探测器距离为 173mm，射线源和探测尺寸都为 5mm，算出 S/L 和 H/L 等于 0.029。GW 设置为 400，其他峰形参数初始值设为零。设置完点击"Save as"，保存为"cuka12xrd.ins"，然后关闭"Instedit"。

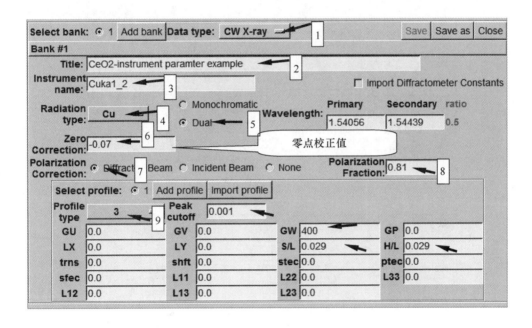

图 4-6   初始仪器参数文件设置

4. 导入衍射数据和初始仪器参数文件

在"Powder"选项卡点击"Add New Histogram"，在跳出的窗口中，点击"Select File"，数据文件选"ceo2newxrd.gsa"，仪器参数文件选前面建立的仪器参数初始文件"cuka12xrd.ins"，然后点击"Add"完成添加，如图 4-7 所示。完成后，在"Powder"选显卡中，将 IPOLA 设置为"1"，如图 4-8 所示。

5. 拟合背底

在拟合前，依次运行"powpref"和"genles"。然后从"Powder"菜单中点击"bkedit"。在"bkedit"窗口中，交替使用"Zoom"和"add"对背底进行标识点。拟合方程选择 1，多项式项数设为 8，如图 4-9 所示。拟合后点击 "Save in EXP file & Exit" 退出窗口。回到 "Powder" 选项卡，确认背底精修标识没有打钩。

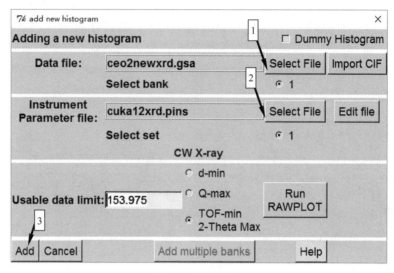

图 4-7　添加图谱

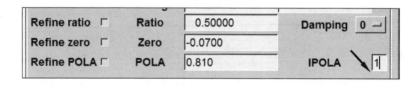

图 4-8　设置 IPOLA 值为 1

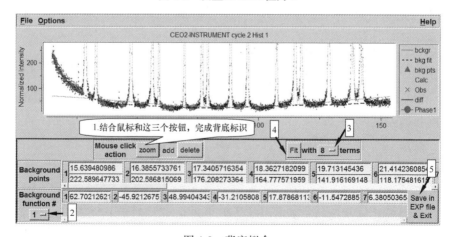

图 4-9　背底拟合

6. 参数修正

点击按钮栏中"liveplot"打开实时显示窗口，观察精修拟合结果。接着在 LS Controls 选项卡中，将"Number of Cycles"设置为 8，如图 4-10 所示。

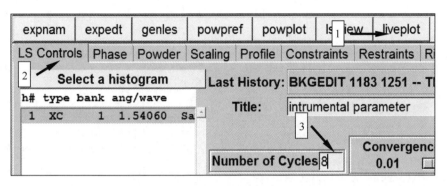

图 4-10　设置 LS Controls

首先修正"GW"参数，在"Profile"选项卡中，将"GW"精修标识勾选，如图 4-11 所示。依次运行"powpref"和"genles"。然后修正晶胞参数。在"Phase"选项卡中，将"Refine Cell"勾选，如图4-12所示，然后依次运行"powpref"和"genles"。

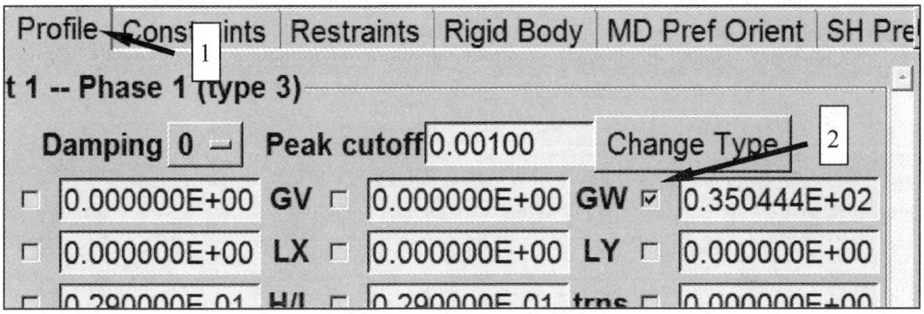

图 4-11　修正参数 GW

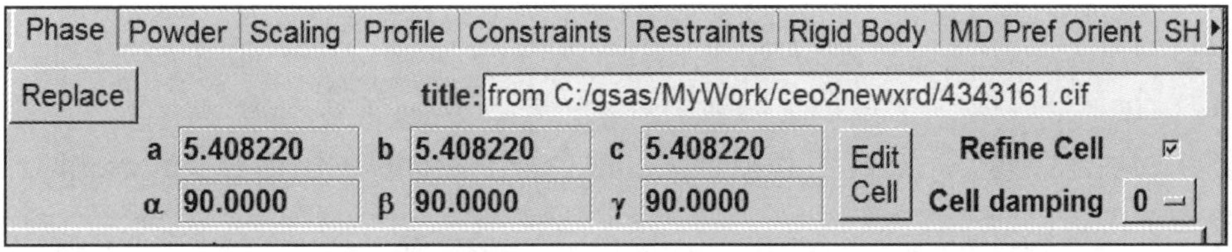

图 4-12　修正晶胞参数

接着依次修正"Profile"选项卡中的"shft"和"LY"参数（记得每次参数修正都要运行"powpref"和"genles"），如图 4-13 左图所示。修正后，在"liveplot"窗口将最强峰放大，可以看出计算峰形已经十分接近实验值，只是峰强更高一些，如图 4-13 右图，后续可以修正原子热振动参数来调整强度。

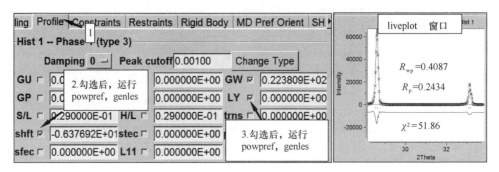

图 4-13　修正 shft 和 LY 参数

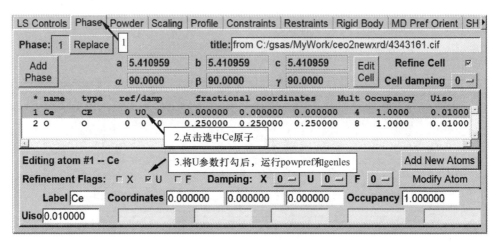

图 4-14　修正 Ce 原子参数 U

相对于 O 原子，Ce 原子更重，所以先修正 Ce 原子的热振动参数"U"。在"Phase"选项卡中，把 Ce 原子选中，将"U"参数勾选进行修正，如图 4-14 所示。修正后，R 值和拟合优度都会下降，计算的图谱和实验谱此时已经十分接近。

再回到"Profile"选项卡，依次修正峰形参数"LX""GU"和"trns"三个参数，如图 4-15 左图所示，修正后图谱如图 4-15 右图所示。

接着回到"Powder"选项卡，勾选"Refine background"修正背底，如图 4-16 左图所示。修正后，R 值和拟合优度会大幅下降，如图 4-16 右图所示。

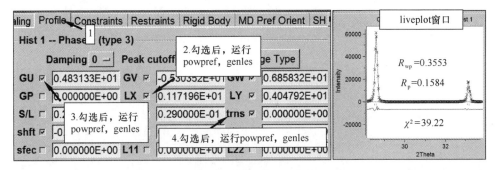

图 4-15　修正参数 LX、GU 和 trns

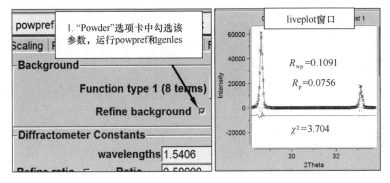

图 4-16　修正背底参数

接着修正 O 原子热振动参数"U"。在"Phase"选项卡，选中 O 原子后，勾选"U"进行修正，如图 4-17 所示。最后在"Profile"选项卡中，依次修正

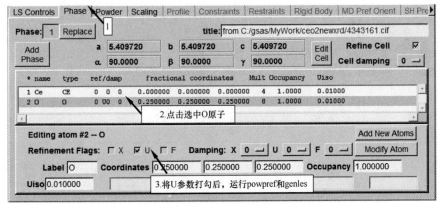

图 4-17　修正 O 原子参数 U

峰形参数 S/L 和 H/L。修正后，在"liveplot"窗口可以看出各个角度范围内的计算图谱和实验谱十分相符，如图 4-18 所示。

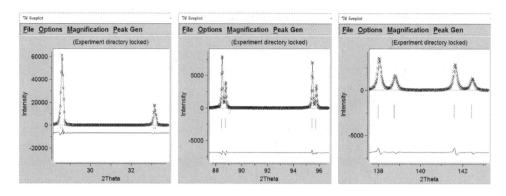

图 4-18　在"liveplot"中查看拟合结果

7. 生成最终仪器参数文件

参数修正完成后，在"Powder"菜单中点击"Instedit"菜单项，在跳出的窗口中，选择前面建立的初始仪器参数文件"cuka12xrd.ins"打开，如图 4-19 所示。打开后，跳出的窗口如图 4-20 所示，点击"Import profile"按钮，在跳出的窗口中（图 4-21）选择"CeO2. EXP"文件。打开后会显示精修后的峰形参数，如图 4-22 所示，接着点击"Import"，将峰形参数导入到仪器参数显示窗口，如图 4-23 所示。在峰形参数中"shft"和"trns"与样品有关，将其设置为 0，最后点击窗口中的"Save"按钮，将修正的仪器参数文件保存。在跳出的提示框中，点击"OK"完成仪器参数文件建立。

图 4-19　打开初始的仪器参数文件

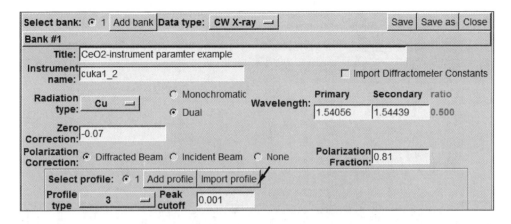

图 4-20 导入精修后峰形参数

图 4-21 从 EXP 导入峰形参数

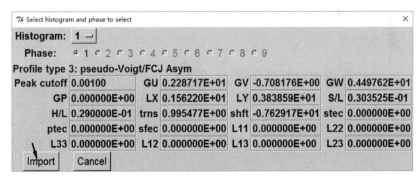

图 4-22 峰形参数

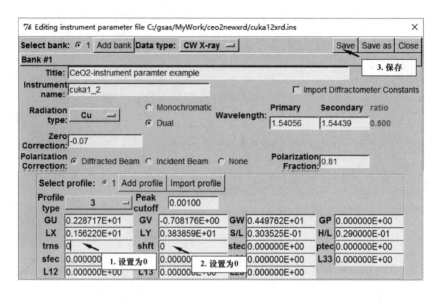

图 4-23   保存修正后的仪器参数文件

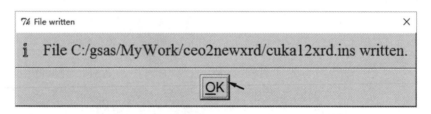

图 4-24   提示仪器参数文件被写入

4.2 物相（含非晶）定量分析

4.2.1 基本原理

采用 Rietveld 法精修计算混合物中各相含量的基本原理见前面第 1 章。采用 EXPGUI 软件精修时，如果混合物都是晶态相时，.LST 文件中会给出各相的含量。如果混合物除了晶态相外还含有非晶相时，则须在混合物中加入一定含量（W_s）的晶态相标样（如氧化铝），采用 EXPGUI 精修时，将非晶漫射峰当作背底进行拟合，精修后 .LST 文件给出的定量结果为标样和其他晶态相的比例。由于扣除了非晶相，精修后标样的比例（$W_{s,c}$）增大，利用 W_s 和 $W_{s,c}$ 之间的关系 [第 1 章式（1-20）] 就可以计算出原混合物中各相（包括非晶相）含量。

4.2.2 衍射数据测试

为了演示 EXPGUI 软件进行定量分析的过程，制备了 α-Al_2O_3（后面简称 Al_2O_3）、ZnO 和非晶粉末重量百分比为 20：40：40 的混合物，将 Al_2O_3 作为已知量的标样。测试在日本理学（Rigaku）UltimaIII 型 X 射线衍射仪上进行，Cu 靶，Ni 滤波，管电压 40kV，管电流 30mA，扫描角度 2θ 范围 10°～90°，步宽 0.01°，每步停留 3s，最强峰的计数强度大于 20000。测试数据转换为 GSAS 格式的操作见前面第 3 章 3.1.2 部分。仪器参数文件由标样测试后建立，过程参考本章 4.1 部分。Al_2O_3 和 ZnO 的晶体结构 CIF 文件由 ICSD 数据库导出，ICSD 号分别为 51687 和 94004。在"C：\ GSAS"路径"MyWork"文件夹中新建一个名为 QPA 的文件夹，将衍射数据文件、仪器参数文件和 CIF 文件复制到该文件夹中。本示例的详细操作教程可扫描本书第 134 页二维码 2 下载。

4.2.3 精修过程

1. 生成 EXP 文件

在桌面上双击打开 EXPGUI 软件，跳出 EXP 文件窗口。在窗口中通过点击文件夹名称，将路径设置为"C：\ GSAS \ MyWork \ QPA"，输入 EXP 名称为"QPA"，然后点击"Read"，如图 4-25 所示，接着会提示 EXP 文件不

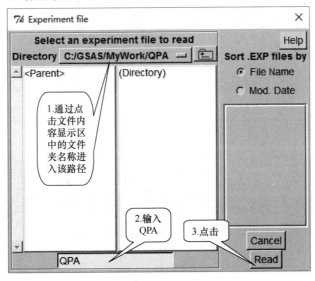

图 4-25 EXP 窗口

存在是否新建，点击"Create"生成 EXP 文件。在跳出的窗口中，输入 EXP 的标题为"QPA"，点击"Continue"，完成 EXP 文件的建立，如图 4-26 所示。

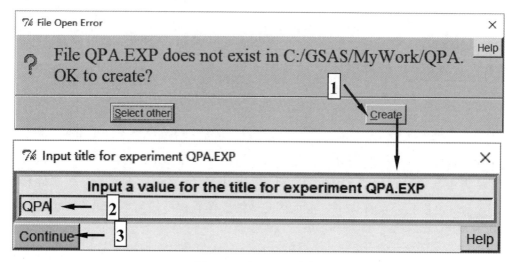

图 4-26 建立 EXP 文件

2. 导入晶体结构

在"Phase"选项卡中，点击"Add Phase"按钮。先通过 CIF 文件导入 Al_2O_3 晶体结构，如图 4-27 所示，点击"Continue"后核对对称操作信息，接着点击"Continue"，跳出图 4-28 添加原子的窗口。导入 CIF 文件后，"Atom type"中原子符号会带有价态，可以将其删掉，并将 U_{iso} 初始值设置为 0.01。然后点击"Add Atoms"完成 Al_2O_3 相导入。接着，继续通过"Add Phase"导入 ZnO 的晶体结构。

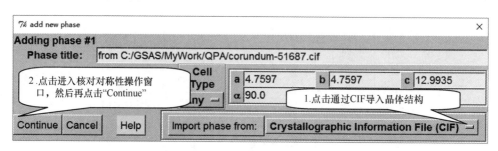

图 4-27 通过 CIF 文件导入 Al_2O_3 晶体结构

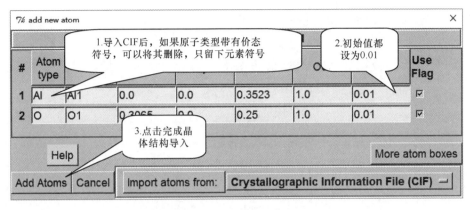

图 4-28 修改原子信息

3. 导入衍射数据和仪器参数文件

在 "Powder" 选项卡中点击 "Add New Histogram"，在跳出窗口中，分别点击衍射数据和仪器参数文件中 "Select File"，选择相应的文件，最后点击窗口左下角 "Add" 完成添加，如图 4-29 所示。添加完后，回到 "Powder" 选项卡，刚才导入的仪器参数如图 4-30 所示。由于使用常规衍射仪，将 PO-LA 和 IPOLA 值分别设置为 0.5 和 0。

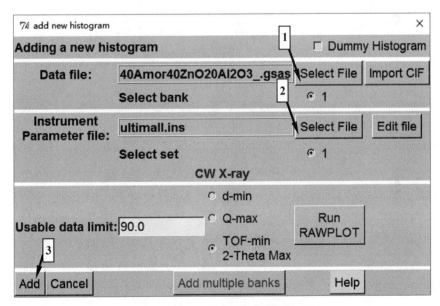

图 4-29 导入数据和仪器参数文件

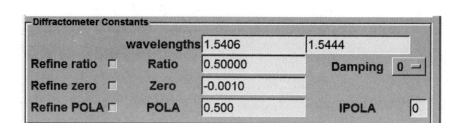

图 4-30　查看仪器参数

4. 背底的拟合

由于本示例属于定量分析，在进行背底拟合前，将"Scaling"选项卡中"Scale"精修标识去掉勾选。勾选"Phase Fractions"中的"Phase 1"和"Phase 2"的精修标识，如图 4-31 所示，然后依次先运行"powpref"和"genles"两个程序。

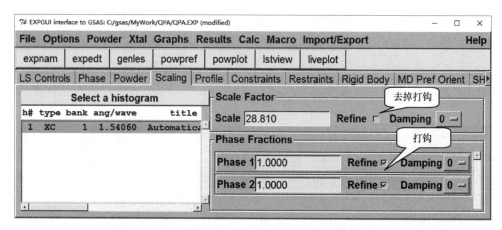

图 4-31　将相含量加入精修

接着在"Powder"菜单中打开"bkgedit"程序，窗口如图 4-32 所示。"Background function"选择方程 1。通过"zoom""add"和"delete"三个按钮和鼠标操作配合对背底数据点进行标识。在 10°～40°间存在非晶漫散射峰，此区间标识时需根据散射峰的走势来标点。在全谱范围标识背底数据点后，将多项式项数设置为 14，点击"Fit"拟合背底，放大基底区域观察图中蓝色虚线是否能很好地拟合背底。如果拟合不好，点击界面中"delete"按钮，通过鼠标左击删除标识不好的点，再按下"add"按钮，通过鼠标左击来添加另外的标识点，然后点"Fit"按钮再拟合，再次观察拟合结果，不断调整标识点直至拟合良好。如图 4-33 左图更改拟合点后，拟合结果获得改善，如图 4-33 右

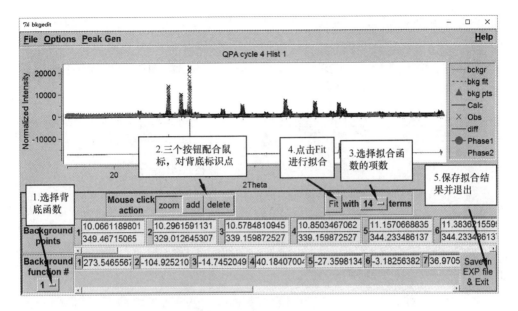

图 4-32　背底拟合程序窗口

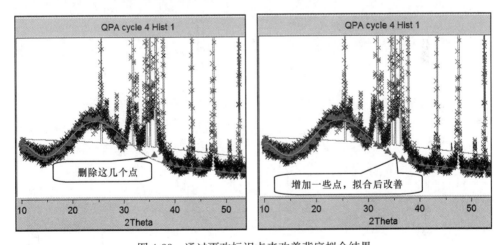

图 4-33　通过更改标识点来改善背底拟合结果

图所示。如果通过调整背底点还不能很好拟合，可以通过增减项数来查看拟合
结果，也可以尝试更换背底函数。

5. 设置约束

　　本例子中采用的峰形函数为 P-V/FCJ Assym（函数 3）。两个物相的峰形
函数 shft 参数应该相同变化，这里通过设置峰形约束实现。在"Constraints"
选项卡中，点击底部的"Profile Constraints"选项卡，然后点击"Add Con-

"straints"按钮，如图 4-34 左图所示。点击后跳出图 4-34 右边窗口，勾选"shft"，然后点击"Continue"。接着跳出图 4-35 左边所示的窗口，将两个相都选上后，点击"Save"回到"Constraints"选项卡界面中，可以看到刚才设置的约束，如图 4-35 右边所示。

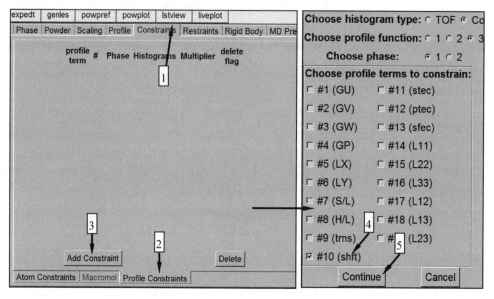

图 4-34　进入添加约束界面

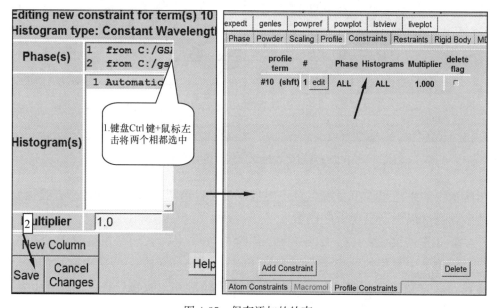

图 4-35　保存添加的约束

6. 参数修正

在"LS Controls"选项卡中，将"Number of Cycles"设置为 8，接着通过点击按钮栏中"liveplot"打开实时图示窗口。对多物相参数进行修正时，一般先对主相参数进行修正，这里主相为 ZnO（Phase 2）。在"Phase"选项卡中勾选物相 2 的晶胞参数精修标识，如图 4-36 上图所示，接着依次运行"powpref"和"genles"两个程序。然后勾选物相 1 的晶胞参数精修标识，（图 4-36 下图），依次运行"powpref"和"genles"。

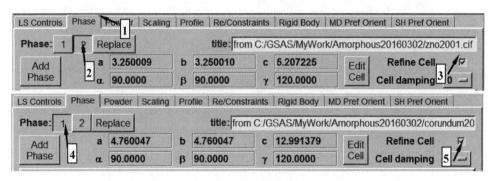

图 4-36　修正晶胞参数

接着在"Profile"选项卡中按照如下顺序对峰形参数进行修正（参数后括号内加上数字为物相序号）："shft"（1，2），"GW"（2），"GW"（1），"LY"（2），"LY"（1），"S/L"（2），"S/L"（1），"H/L"（2）。每次勾选参数修正，都要运行程序"powpref"和"genles"，如图 4-37 所示。经过修正后，计算谱和实验谱已经十分接近，R 值和拟合优度都已经十分理想，如图 4-38 所示。

接着修正物相 2 的 Zn 原子热振动参数"U"。点开"Phase"选项卡，点击物相 2，选中 Zn 原子，勾选"U"参数，如图 4-39 所示，然后运行程序"powpref"和"genles"进行修正。接着选中 O 原子，勾选"U"参数，运行程序"powpref"和"genles"进行修正。

然后进入"Powder"选项卡，勾选"Refine background"对背底参数进行修正，如图 4-40 所示，运行"powpref"和"genles"后，R 值和拟合优度值进一步下降。

最后回到"Profile"选项卡，按以下顺序修正峰形参数："trns"（2）、"trns"（1）、"LX"（2）和"LX"（1）。在"liveplot"窗口中检查计算谱和实验谱，两者已经十分相符，如图 4-41 所示。

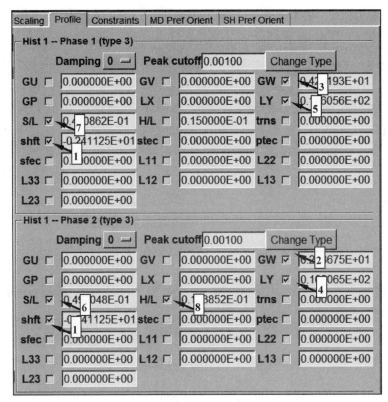

图 4-37　修正峰形参数

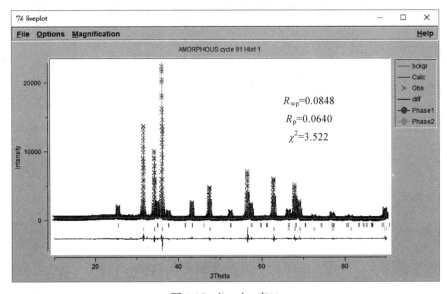

图 4-38　liveplot 窗口

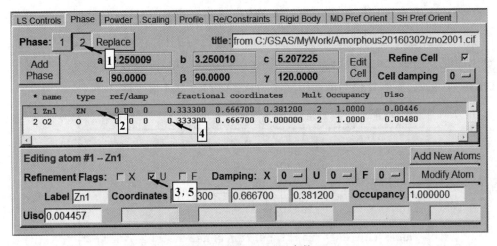

图 4-39　修正 Zn 原子参数 U

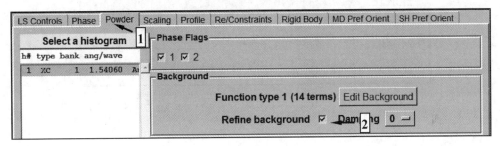

图 4-40　修正背底

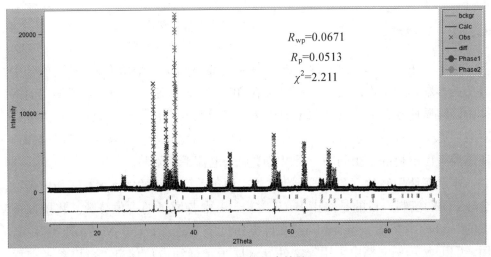

$R_{wp}=0.0671$

$R_p=0.0513$

$\chi^2=2.211$

图 4-41　最终拟合结果

在按钮栏中，点击"lstview"，通过窗口滚动条查看定量分析结果，如图 4-42 所示。经过精修，扣除非晶相后，标样 Al_2O_3 与 ZnO 的比值为 0.346：0.654，可以算出原混合物中 ZnO 的量为 $0.2/0.346 \times 0.654 = 0.378$，非晶的含量为 $1-0.2-0.378 = 0.422$。三者比值与前面所配制的 0.2：0.4：0.4 很接近。

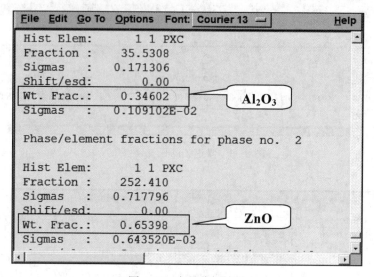

图 4-42　定量分析结果

4.3　Le Bail 法拟合及占位修正（约束的使用）

4.3.1　问题描述

本示例主要演示通过修改 CIF 文件导入晶体结构，采用 Le Bail 法拟合生成初始参数，宏文件的使用，占位约束和电荷平衡限制的使用。在置换型固溶体中，溶质原子会替换溶剂原子的位置，形成共同占位，Rietveld 法精修可以对溶质原子占位分数进行修正。对于无机非金属化合物，在修正占位分数时，还需要考虑电荷的平衡问题，所以需要加入电荷平衡限制。

本示例使用的数据和仪器参数文件来源于前面下载的加拿大粉末衍射研讨会（CPDW）资料，目的是修正 $Ba(Ti, Fe)O_3$ 中各原子的占位分数。将前面下载的"cpdw"中"occ_constraints"文件夹拷贝至"C：\ gsas \ MyWork \"中备用。CPDW 示例文档中采用宏文件导入原子坐标和占位信息，可以参考前面下载的"gsas_cpdw_2012_workshop.docx"第 75～76 页。CPDW 资料第 76

页中提到在"expedt"程序中输入命令"kla"，这里的"l"不是数字 1，而是小写的字母 l。由于宏文件需要采用 DOS 命令来输入，初学者不容易掌握。这里介绍修改 CIF 文件导入晶体结构的方法。Ba(Ti，Fe)O_3 基本结构为六方钛酸钡结构(空间群 P6$_3$/mmc)，Fe 掺杂会替换其中 Ti(2a 和 4f)占据的位置。由于 Fe 掺杂没有改变原有结构，因此可以通过修改原来钛酸钡的 CIF 文件来获得 Ba(Ti，Fe)O_3 的 CIF 文件。通过 ICSD 数据库查找钛酸钡(编号为 34619)晶体结构信息，将其导出为 CIF 格式。使用写字板程序打开该 CIF 文件，对照图 4-43 左图部分的内容修改为图 4-43 右图部分。修改后将 CIF 文件另存为 BaTiFeO3.cif，并拷贝至"C：\ gsas \ MyWork \ occ _ constraints"中。

```
_cell_length_a              5.735          _cell_length_a              5.6915
_cell_length_b              5.735          _cell_length_b              5.6915
_cell_length_c              14.05          _cell_length_c              13.9521
_cell_angle_alpha           90.            _cell_angle_alpha           90.
_cell_angle_beta            90.            _cell_angle_beta            90.
_cell_angle_gamma           120.           _cell_angle_gamma           120.

_atom_type_oxidation_number                _atom_type_oxidation_number
Ba2+  2                                    Ba2+  2
O2-   -2                                    Fe3+  3
Ti4+  4                                    O2-   -2
loop_                                       Ti4+  4
_atom_site_label                            loop_

_atom_site_attached_hydrogens               _atom_site_attached_hydrogens
Ba1 Ba2+ 2 b 0 0 0.25 1. 0                   Ba1 Ba2+ 2 b 0 0 0.25 1. 0
Ba2 Ba2+ 4 f 0.3333 0.6667 0.097(1) 1. 0     Ba2 Ba2+ 4 f 0.3333 0.6667 0.097(1) 1. 0
Ti1 Ti4+ 2 a 0 0 0 1. 0                      Ti1 Ti4+ 2 a 0 0 0 0.50 0
Ti2 Ti4+ 4 f 0.3333 0.6667 0.845(2) 1. 0     Fe1 Fe3+ 2 a 0 0 0 0.50 0
O1 O2- 6 h 0.522(1) 1.044(10) 0.25 1. 0      Ti2 Ti4+ 4 f 0.3333 0.6667 0.845(2) 0.50 0
O2 O2- 12 k 0.836(5) 0.672(5) 0.076(2) 1. 0  Fe2 Fe3+ 4 f 0.3333 0.6667 0.845(2) 0.50 0
                                             O1 O2- 6 h 0.522(1) 1.044(10) 0.25 1. 0
#End of data_34619-ICSD                      O2 O2- 12 k 0.836(5) 0.672(5) 0.076(2) 1. 0
```

图 4-43　CIF 文件的修改

4.3.2　精修过程

1. 新建 EXP 文件

第一步新建 EXP 文件。双击桌面上的 EXPGUI 图标，进入 EXP 文件窗口（图 4-44），选择 EXP 路径为"C：\ gsas \ MyWork \ occ _ constraints"，输入 EXP 文件名为"Titanate"，点击"Read"，在跳出的窗口中点击"Create"，在接着跳出的窗口中输入标题为"Titanate"，点击"Continue"进入 EXPGUI 程序主界面。

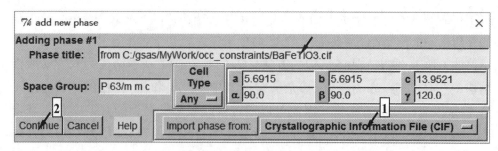

图 4-44　导入 CIF 文件

2. 导入晶体结构

在 "Phase" 选项卡中，点击 "Add Phase"，选择 CIF 文件格式，导入前面保存的 "BaTiFeO3. cif"，点击 "Continue" 进入对称性核对窗口，接着点击 "Continue"，进入添加原子窗口（图 4-45），将其中的 Uiso 的初始值都修改为 0.025，待后续进一步修正，然后点击 "Add Atoms" 完成相添加。

#	Atom type	Name	x	y	z	Occ	Uiso	Use Flag
1	Ba+2	Ba1	0.0	0.0	0.25	1.0	0.025	☑
2	Ba+2	Ba2	0.3333	0.6667	0.097	1.0	0.025	☑
3	Ti+4	Ti1	0.0	0.0	0.0	0.5	0.025	☑
4	Fe+3	Fe1	0.0	0.0	0.0	0.5	0.025	☑
5	Ti+4	Ti2	0.3333	0.6667	0.845	0.5	0.025	☑
6	Fe+3	Fe2	0.3333	0.6667	0.845	0.5	0.025	☑
7	O-2	O1	0.522	1.044	0.25	1.0	0.025	☑
8	O-2	O2	0.836	0.672	0.076	1.0	0.025	☑

图 4-45　核对原子坐标

3. 导入衍射数据和仪器参数文件

在 "Powder" 选项卡中，点击 "Add New Histogram" 按钮，"Data file" 选择 "titanate. gsa"，"Instrument Parameter file" 选择 "cuka12xrd. prm"，然后点击 "Add" 完成导入。

4. 背底拟合

在"LS Controls"选项卡中将"Number of cycles"设置为 8。在"Powder"选项卡中设置 IPOLA 为 1（衍射仪使用了石墨单色器）。依次运行"powpref"和"genles"后，在按钮栏中点击"liveplot"打开实时图示窗口，观察拟合结果。点击"Powder"菜单中"bkgedit"打开背底拟合窗口。通过窗口中"zoom""add""delete"以及鼠标配合，对背底点进行标识，"Background function"选 1，项数选 10，然后点击"Fit"，接着点击"Save in EXP file & Exit"，完成背底拟合。

5. Le Bail 法拟合图谱

在进行原子参数修正前，使用 Le Bail 法进行图谱拟合以获得峰形参数精修的初始值，Le Bail 法基本原理见第 2 章 2.3.2 部分。这里选择基于晶体结构模型的 Le Bail 拟合，在"LS Controls"选项卡中，选择"F（calc）Weighted"选项，如图 4-46 左图所示。在"Scaling"选项卡中，将"Scale"精修标识去掉勾选（做完 Le Bail 拟合后再勾选），如图 4-46 右图所示。运行"powpref"一次后，运行"genles"几次，以获得衍射谱的强度计算值，初步拟合结果如图 4-47 所示。

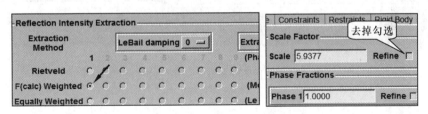

图 4-46　设置 Le Bail 法和去掉 Scale 精修标识勾选

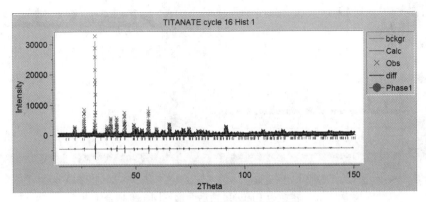

图 4-47　Le Bail 法初步拟合结果

接着逐步释放晶包参数、峰形参数等进行修正。每当勾选一个参数进行修正，运行一次或多次"genles"程序。如果拟合过程结果发散了，可以重新运行一次"powpref"，对 Le Bail 拟合的强度值重设。按晶胞参数、"shft""GW""LY""GV""LX""GU""trns"、背底参数、"S/L""H/L"和"GP"顺序来修正后，拟合完的图谱如图 4-48 所示，包括高角度峰形都应与实验值十分相符。拟合后把参与修正的参数精修标识都取消勾选，但背底参数要保持勾选。在"Scaling"选项卡中将"Scale"参数精修标识勾选，接着在"LS Controls"选项卡中将修正模式换为"Rietveld"，然后依次运行"powpref"和"genles"程序，对定标因子修正，运行后图谱如图 4-49 所示。

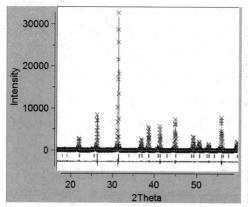
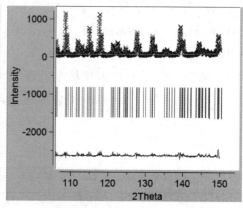

图 4-48　图谱不同角度 Le Bail 法拟合结果

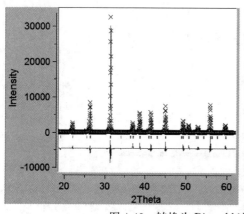
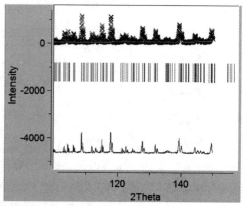

图 4-49　转换为 Rietveld 法后图谱不同角度拟合结果

6. 占位约束情况

从前面的晶体结构可知，2a 和 4f 两个位置 Fe 和 Ti 都共同占位。在进行占位修正之前，还要设置一些约束条件。需要假定共同占位的原子坐标和热振动参数在修正时作相同变化（修正后的值相同）。另一个需要说明的是，对于占位修正后，各个元素的占位之和要和实验测定的化学成分组成相符。虽然不限制组成的情况下，通过占位分数修正可以确定化学组成，但仅靠一种衍射数据，如常规 X 射线衍射数据，修正后的结果并不可靠，需要联合其他衍射数据（如中子衍射）来共同修正。

下面首先操作约束的第一种情况：一个位置上被几个原子占据，但是这些原子占位分数和为 1。如本示例中，假定 2a 和 4f 上都被原子占满，各自的占位分数之和为 1，并且两个位置占位不关联，也就是 2a 位置只被 Ti1 和 Fe1 占据，而 4f 位置只被 Ti2 和 Fe2 占据。在这种假设下，精修过程中如果 2a（或 4f）位置上 Ti 占位分数增加（或减少）Δ 值，相应 Fe 的占位分数就会减少（或增加）Δ 值，以维持该位置上占位分数之和为 1。下面说明如何设置这种约束。点击"Constraints"选项卡，在"Atom Constraints"选项中点击"New Constraint"，如图 4-50 左图所示，出现图 4-50 中间所示窗口，将 Ti1 和 Fe1 选中，在"Variable"中选择"XYZU+-F"（原子位置、热振动参数以及占位），"Multipler"设置为 1，点击"Save"完成 2a 位置上 Ti1 和 Fe1 原子的约束设置。重复上面的设置，为 4f 位置的 Ti2 和 Fe2 添加约束，如图 4-50 右图所示。设置后"Constraints"选项卡中约束表如图 4-51 所示。

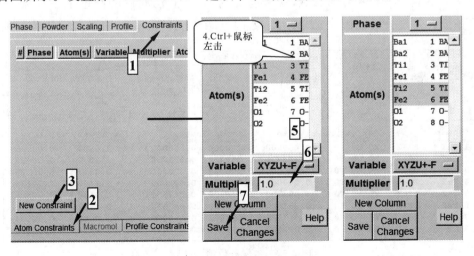

图 4-50　约束设置过程

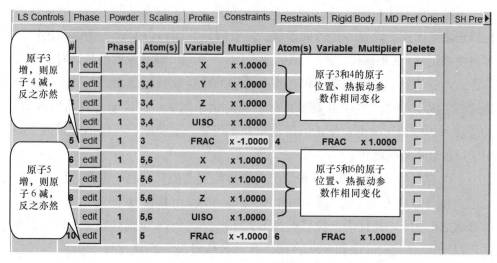

图 4-51　约束表

接着逐渐修正原子位置和热振动参数等，最后修正两个位置的占位分数。注意不要同时释放热振动参数和占位分数进行修正。另外设置了约束的共同占位的两个原子修正某个参数时要一起修正。可以参考以下顺序修正：Ba1-X（表示 Ba1 的"X"参数）、Ba2-X、（Ti1＋Fe1)-X(表示将 Ti1 和 Fe1 的"X"参数一起修正）、（Ti2＋Fe2)-X、O1-X、O2-X、Ba1-U、Ba2-U、（Ti1＋Fe1)-U、（Ti2＋Fe2)-U、O1-U、O2-U、（Ti1＋Fe1)-F 和（Ti2＋Fe2)-F。还可以继续修正一下晶胞参数和峰形参数(参考前面的 Le Bail 法时候的修正顺序)。经过修正后，占位分数如图 4-52 所示，图谱见图 4-53。由于添加了占位约束，所

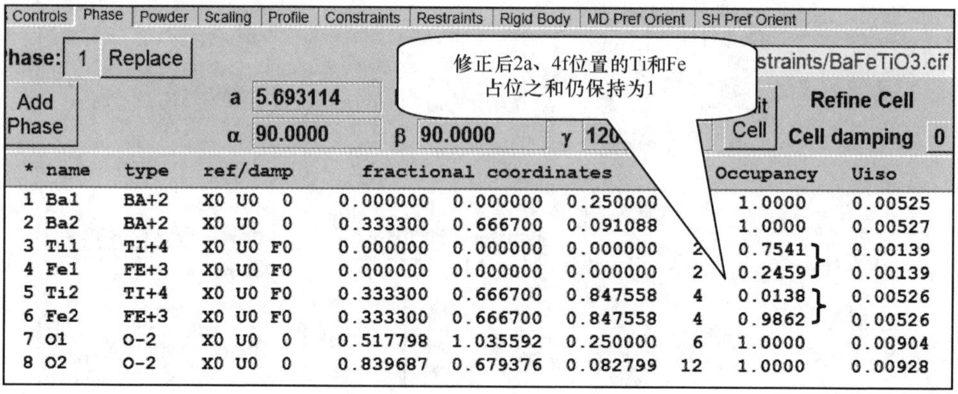

图 4-52　占位分数精修结果

以修正后在 2a 和 4f 位置各自的 Ti 和 Fe 占位分数之和还保持为 1。为了判断是否存在伪收敛，可以通过改变共同占位上的原子初始比例（但要保持化学组成不变），看精修后占位分数结果是否还是相同。初步修正占位后，后续还要考虑整体的电荷平衡问题。

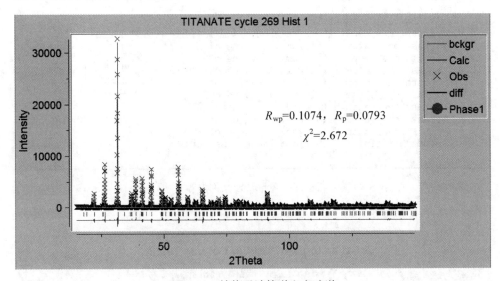

图 4-53 精修后计算谱和实验谱

7. 电荷平衡限制

对于前面修正的占位分数，还需要添加电荷平衡约束。电荷平衡约束采用设置"Restraints"选项卡中"Chemical Restraints"来实现。如前面所提，相比于"Constraints"，"Restraints"的约束相对比较弱，参数修正会尽量朝整体电荷平衡发展，但不会强制使整体电荷为零，为了和"Constraints"选项区别，将其称之为限制。下面演示采用宏文件来输入电荷平衡限制。宏文件可以使用文本程序编写，然后另存为 .mac 的文件格式。CPDW 资料中给出了电荷平衡限制的宏文件示例，见工作目录"C：\ gsas \ MyWork \ occ _ constraints"下"chbal. mac"，使用记事本程序打开，内容如图 4-54 所示。从按钮栏中打开"Expedt"程序，在程序中输入@r回车，接着输入宏文件的名称 chbal. mac，然后回车。程序会提示内容，接着输入 L，回车后查看限制的内容，一直输入 X，直到退出"Expedt"程序。回到"Powder"选项卡，点击底部的"Set Histogram Use Flags"按钮，在跳出的窗口中，我们可以看到已经添加了成分限制，如图 4-55 所示。

在"Restraints"选项卡中点击"Chemical Restraints"，可以查看所设的

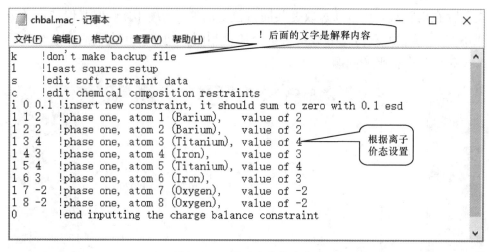

图 4-54   chbal 宏文件内容

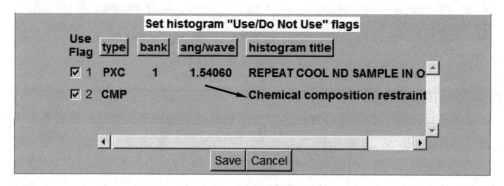

图 4-55   限制添加成功

条件实际值，如图 4-56 所示。从图中可以看出虽然加入了电荷平衡限制，但是整体的电荷值还是为负值，这说明可能化合物中存在 O 的空位。对 O2 的占位分数进行修正，但修正后 O 占位分数出现了大于 1 的不合理情况，如图 4-57 所示。此外，从 "Chemical Restraints" 中计算的电荷总值还是为负数。读者可能会产生疑问，为何在这里设置的限制不起作用？其实，这也从另一个侧面说明了初始模型的不正确性。化合物中 Fe 可能还存在 +4 价。有兴趣的读者可以在 2a 和 4f 分别再添加一个 +4 价的 Fe 进行重新修正占位分数，然后看是否能满足电荷平衡的条件。

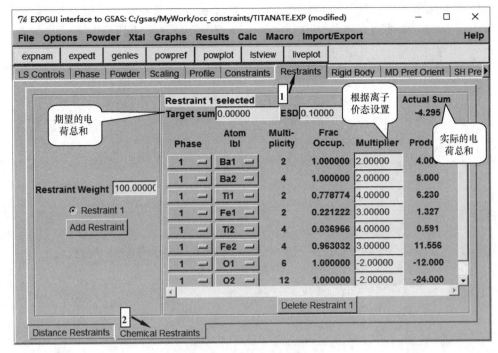

图 4-56　查看限制的实际值

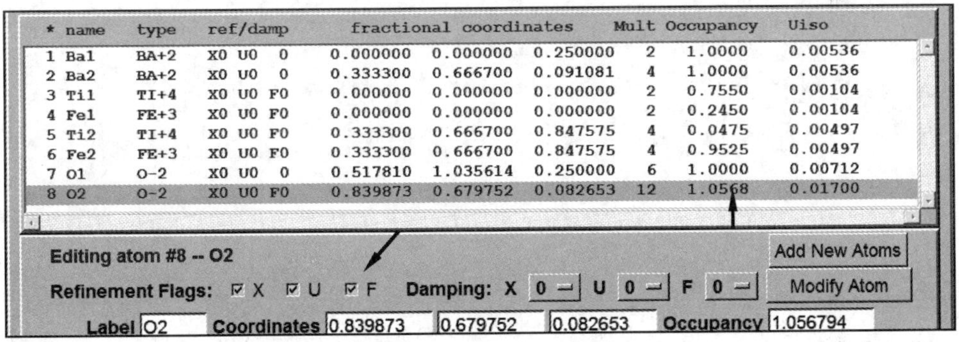

图 4-57　查看占位分数

8. 两个位置上具有关联占位分数的约束

前面的约束演示的是一个位置上不同原子占位的约束。实际上，还存在更为复杂的占位情况，两个占位上的原子变化是相互关联的，如本示例中 2a 上的 Ti（或 Fe）也可能移动到 4f 位置进行占位。因此需要对两个占位元素在修正过程中进行关联约束。这种约束适合对已知成分的化合物进行占位修正。在修正前，先根据所测的成分设定共同占位元素占位分数初始值。下面举例说明如何设定此种约束。假定前面图谱对应的化合物成分为 $BaTi_{0.6}Fe_{0.4}O_3$，在给定占位分数初始值时，可以设定 2a 和 4f 上 Ti 的占位分数都为 0.6，Fe 的都为 0.4。具体的约束设定过程直接由前面结果上更改。

首先在"Constraints"选项卡中将前面设定的占位约束删除，如图 4-58 所示。回到"Phase"选项卡，将原子参数（X，U，F）的精修标识都去掉勾选。然后将 Ti1 和 Ti2 的占位分数修改为 0.6，Fe1 和 Fe2 的占位分数设置为 0.4，如图 4-59 所示。接着将所有原子选中，点击"Modify Atoms"按钮，将所有原子的"U"参数设置为 0.01，如图 4-60 所示。

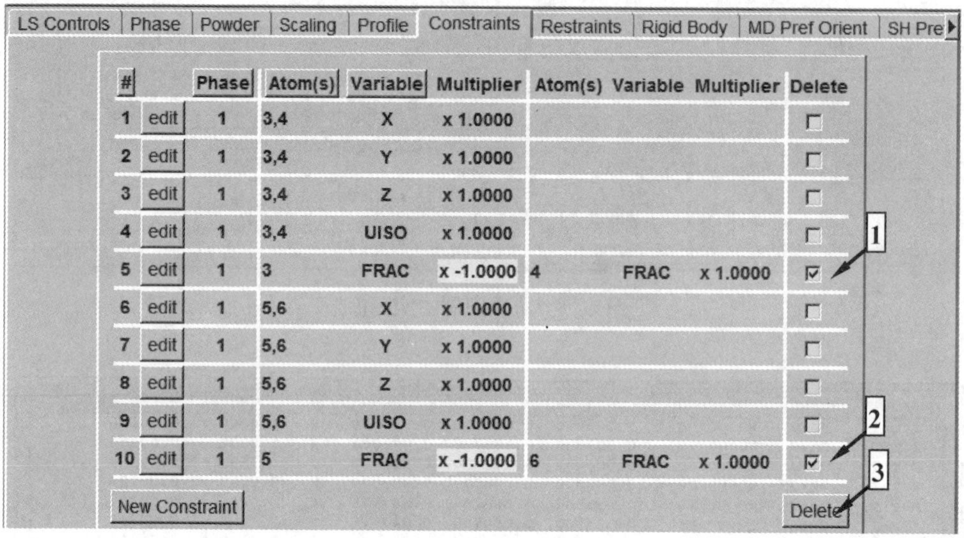

图 4-58　删除占位限制

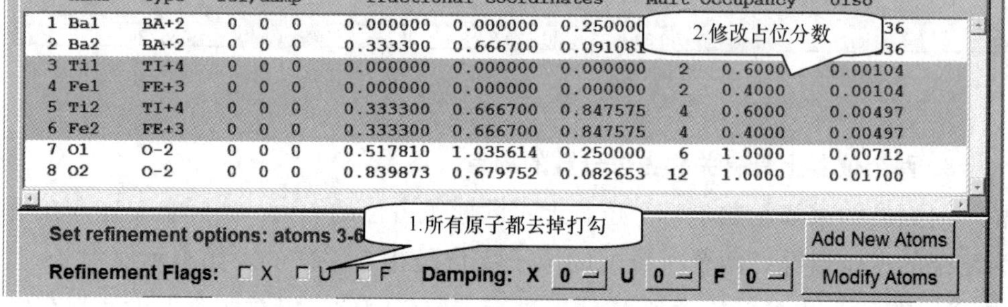

图 4-59　设置原子占位分数

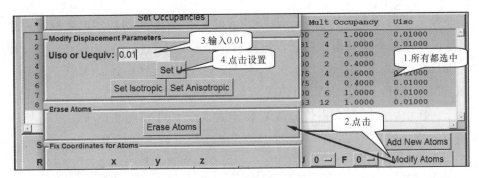

图 4-60   设置原子 U 值

接下来设置新的原子占位约束。进入"Constraints"选项卡，点击"New Constraints"，在跳出的窗口中点击"New Column"，再添加三个栏，各栏设置如图 4-61 所示。由于 4f 和 2a 的多重性比值为 2，2a 的乘子应该设置为 2，4f 设置为 1。设置完毕后添加的约束如图 4-62 所示。设置后既能保证 2a（或 4f）位置上的 Ti 和 Fe 占位分数之和为 1，也可以保证 2a 和 4f 上 Ti 和 Fe 的总和满足前面的成分要求。

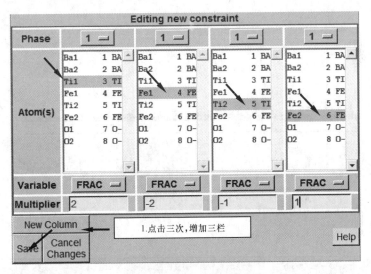

图 4-61   添加占位约束

8	edit	1	5,6	UISO	x 1.0000				☐
9	edit	1	5	FRAC	x -1.0000	4	FRAC	x -2.0000	☐
			6	FRAC	x 1.0000	3	FRAC	x 2.0000	

图 4-62   设置后的占位约束

设置完毕后，先运行"powpref"和"genles"。由于前面演示时，峰形参数已经修正，这里不需要再次修正，只需对原子参数进行修正，可以参考以下顺序：Ba1-X、Ba2-X、(Ti1＋Fe1)-X、(Ti2＋Fe2)-X、O1-X、O2-X、Ba1-U、Ba2-U、(Ti1＋Fe1)-U、(Ti2＋Fe2)-U、O1-U、O2-U 和(Ti1＋Fe1＋Ti2＋Fe2)-F。修正后的图谱和占位分数结果分别如图 4-63 和图 4-64 所示。从图 4-64 可以看出，修正后 2a 和 4f 位置上各自的占位分数之和还等于 1。在修正之前 Ti 的总原子数为 $0.6 \times 2 + 0.6 \times 4 = 3.6$，Fe 总原子数为 $0.4 \times 0.2 + 0.4 \times 4 = 2.4$；修正后 Ti 的总原子数为 $0.8591 \times 2 + 0.4705 \times 4 = 3.6$，Fe 的总原子数为 $0.1409 \times 2 + 0.5295 \times 4 = 2.4$，可以看出修正前后的成分没有改变。不过在"Restraints"选项卡可以看到整体电荷之和还是为负值，如图 4-65 所示，这说明初始结构也需要考虑 Fe 的价态问题，读者可以自行练习。

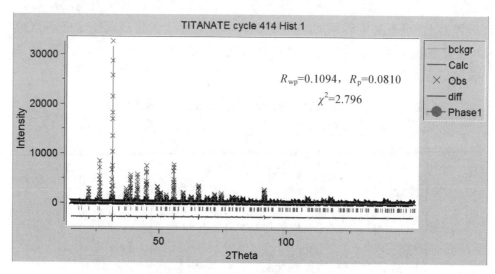

图 4-63　精修后计算谱和实验谱

* name	type	ref/damp	fractional coordinates			Mult	Occupancy	Uiso
1 Ba1	BA+2	X0 U0 0	0.000000	0.000000	0.250000	2	1.0000	0.00544
2 Ba2	BA+2	X0 U0 0	0.333300	0.666700	0.091251	4	1.0000	0.00621
3 Ti1	TI+4	X0 U0 F0	0.000000	0.000000	0.000000	2	0.8591	0.00103
4 Fe1	FE+3	X0 U0 F0	0.000000	0.000000	0.000000	2	0.1409	0.00103
5 Ti2	TI+4	X0 U0 F0	0.333300	0.666700	0.847625	4	0.4705	0.00049
6 Fe2	FE+3	X0 U0 F0	0.333300	0.666700	0.847625	4	0.5295	0.00049
7 O1	O-2	X0 U0 0	0.521662	1.043318	0.250000	6	1.0000	0.00847
8 O2	O-2	X0 U0 0	0.837259	0.674520	0.083146	12	1.0000	0.01007

图 4-64　精修后占位分数结果

| | | | Restraint 1 selected | | | | Actual Sum |
| | | | Target sum 0.00000 | | ESD 0.10000 | | -2.400 |

Phase	Atom lbl	Multi-plicity	Frac Occup.	Multiplier	Product
1	Ba1	2	1.000000	2.00000	4.000
1	Ba2	4	1.000000	2.00000	8.000
1	Ti1	2	0.859092	4.00000	6.873
1	Fe1	2	0.140908	3.00000	0.845
1	Ti2	4	0.470454	4.00000	7.527
1	Fe2	4	0.529546	3.00000	6.355
1	O1	6	1.000000	-2.00000	-12.000
1	O2	12	1.000000	-2.00000	-24.000

Restraint Weight 100.00000

○ Restraint 1

Add Restraint

图 4-65　电荷计算值

4.4　计算晶粒大小及微观应变

当 X 射线多晶衍射峰存在宽化时，可以根据宽化程度计算样品的晶粒和微观应变大小等。常用的方法有 Williamson-Hall（W-H）法、Warren-Averbach（W-A）法和 Rietveld 精修法等。Rietveld 精修采用峰形函数拟合各衍射峰，可以分离各种宽化的影响，从而计算晶粒大小和（或）微观应变。本节将探讨如何利用 EXPGUI-GSAS 精修结果计算晶粒大小和微观应变。需要注意的是，如表 1-2 所示，峰形函数中各个参数具有关联性，不同的参数组合可能会获得相同的峰形，但根据不同参数组合计算的晶粒大小和微观应变却有可能不同。因此采用 Rietveld 精修峰形参数来计算晶粒大小和微观应变需谨慎，应与不同的计算方法或实验对比验证。

4.4.1　基本原理

利用 GSAS 精修参数计算晶粒大小和微观应变的具体公式详见参考文献[19]。对于定波长（constant-wavelength）X 射线多晶衍射谱，在 Rietveld 精修时衍射峰通常采用 pseudo-voigt 函数来表示，峰形函数的峰宽可以表示为高斯（Gaussian，简写 G）和洛伦兹（Lorentzian，简写 L）两个部分：

$$\Gamma_G^2 = U\tan^2\theta + V\tan\theta + W + P/\cos^2\theta \qquad (4-1)$$

$$\Gamma_L = X/\cos\theta + Y\tan\theta + Z \qquad (4-2)$$

117

式中，Γ 代表衍射峰的半高宽（FWHM）参数，U、V、W、X、Y 和 Z 为精修参数，L 和 G 分别代表洛伦兹和高斯部分。

根据谢乐（Scherrer）公式，晶粒大小计算公式为：

$$\beta_S = \lambda/D_V\cos\theta \tag{4-3}$$

式中，λ 是波长，D_v 是体积加权晶粒尺寸（volume-weighted domain size）。因为 D_v 是垂直于衍射面的体积加权厚度，所以这里没有对晶粒形状采用常数 K 进行修正。

对于微观应变 Stokes 和 Wilson 定义了最大应变计算公式为：

$$e = \beta_D/4\tan\theta \tag{4-4}$$

结合公式（4-1）～（4-4），可以得出参数 X 和 P 与晶粒宽化相关，Y 和 U 与应变宽化相关。GSAS 软件中峰形参数 LX、GP、LY 和 GU 与上述四个参数对应，即 LX 和 GP 参数与晶粒宽化相关，LY 和 GU 参数与应变宽化相关。

在计算宽化效应前，还需扣除仪器宽化的影响。有效（eff）宽化为样品（sam）宽化减去标样宽化（stand），计算公式如下：

$$\Gamma_{\text{eff}} = \Gamma_{\text{sam}} - \Gamma_{\text{stand}} \tag{4-5}$$

式中，Γ 代表 U、P、X 和 Y 四个参数。因这些参数都是半高宽参数，需转换为积分宽度。此外，对于高斯部分参数，计算有效宽化后需开方才能计算积分宽度。由半高宽计算积分宽度公式为：

$$\beta_L/\Gamma_L = \pi/2 \tag{4-6}$$

$$\beta_G/\Gamma_G = (1/2)(\pi/\ln2)^{1/2} \tag{4-7}$$

式中，Γ_L 和 Γ_G 为公式（4-5）计算得到的有效半高宽参数。GSAS 软件中高斯部分的半高宽参数已经除以 $(8\ln2)^{1/2}$，其高斯部分的积分宽度参数计算公式为：

$$\beta_G/\Gamma_G = (2\pi)^{1/2} \tag{4-8}$$

对于大部分材料的多晶 X 射线衍射谱，晶粒或应变宽化所对应的高斯和洛伦兹积分宽化两部分参数需合并后才能用于计算晶粒大小或微观应变。文献 [20] 采用的合并计算公式为：

$$k = \beta_L/\pi^{1/2}\beta_G \tag{4-9}$$

$$\beta_i = (\beta_G)_i\exp(-k^2)/[1 - \text{erf}(k)] \tag{4-10}$$

其中，k 是洛伦兹和高斯积分宽度的比例系数；i 代表 S（尺寸）或 D（应变）。由公式（4-10）计算出最终积分宽度后，就可以根据公式（4-3）和（4-4）

计算晶粒大小或微观应变。根据 GSAS 手册，峰形参数单位为百分之一度，还需转换为弧度。转换后 GSAS 峰形参数计算晶粒尺寸和微观应变公式分别如下：

$$D_V = \lambda/(\beta_S\pi/18000) = 18000\lambda/\beta_S\pi \tag{4-11}$$

$$e = \beta_D/[4/(\pi/18000)] = \beta_D\pi/72000 \tag{4-12}$$

4.4.2　具体步骤

确定了计算公式后，按下面的步骤进行图谱采集、精修和计算：

（1）首先采集标准样品（stand）和存在峰形宽化样品（sam）的衍射图谱。标样一般与宽化样品的材料相同，晶粒尺寸应在微米级别，且经过长时间退火去应力。

（2）对标样的 X 射线衍射谱采用 EXPGUI-GSAS 进行 Rietveld 精修，获取峰形函数参数，修正方法与常规样品相同。精修后在"Profile"选项卡中查看并记录 LX、LY，GU 和 GP 四个峰形参数数值。

（3）保存标样峰形函数为新的仪器参数文件，作为宽化样品精修的仪器参数文件。待标样图谱精修至合理条件后，保存其 EXP 文件。然后利用菜单"Power"中"instedit"程序编辑仪器参数文件。通过导入标样精修后 EXP 文件，将其峰形函数参数导入至仪器参数文件中，再另存为一个新的仪器参数文件，用于第（4）步中存在峰形宽化样品的精修。

（4）对存在峰形宽化的样品 X 射线衍射谱进行 Rietveld 精修。仪器参数文件采用第（3）步中生成的新文件，目的是导入标样的峰形参数。导入后，"Profile"选项卡中"Peak cutoff"参数改小一个数量级。对存在宽化的样品图谱精修时，参数修正顺序参考常规方法，但"Profile"选项卡中的峰形参数中只修正 LX、LY，GU 和 GP 四个参数，其他不修正。待修正至合理条件后，记录下宽化样品的 LX、LY，GU 和 GP 四个参数。

（5）计算晶粒大小和微观应变。根据公式（4-5）～（4-12）逐步计算各参数。可以利用电子表格（如微软的 EXCEL 程序）设置一些公式进行自动计算。

4.4.3　晶粒尺寸和微观应变计算示例

示例数据为尺寸/应变循环测试（size/strain round robin）二氧化铈 X 射线衍射数据。数据下载网址：https：//mysite. du. edu/～balzar/s-s _ rr. htm，为 Le Mans 大学 Armel Le Bail 所测试。在该网页上下载"lebailsh. gs"和"lebailbr. gs"

两个数据。也可扫描本书第 134 页二维码 1 下载 CeO2 文件夹。样品和测试详细信息查阅该网址、文献［19］以及文献［21］。二氧化铈标样为退火样，X 射线衍射图谱为尖锐的衍射峰。具有峰形宽化的纳米二氧化铈样品透射电镜测试得到的平均晶粒尺寸为 20.9（3）nm。上述两个数据采用常规定波长 X 射线衍射仪测试，靶材为铜靶，$\lambda_{K\alpha1} = 1.5406$ Å，$\lambda_{K\alpha2} = 1.5444$ Å，$I_{K\alpha2}/I_{K\alpha1} = 0.48$，采用石墨单色器，接收狭缝 0.1mm。下面演示具体的操作步骤。

1. 标样的精修

首先对标样衍射谱进行精修，同时获得仪器参数文件和标样峰形参数，精修过程可以参考 4.1.2 步骤。在 GSAS 的工作路径下新建一个 CeO2-Sharp 文件夹，例如路径为：C：\ GSAS \ MyWork \ CeO2-Sharp。将下载的文件夹 CeO2 中 "lebailsh. gs" 和 "CeO2. cif" 两个文件拷贝至 CeO2-Sharp 文件夹中，并将 "lebailsh. gs" 后缀 ". gs" 修改为 ". gsa"。打开 EXPGUI 后，浏览至 C：\ GSAS \ MyWork \ CeO2-Sharp 路径，新建一个名称为 CeO2-sharp 的 EXP 文件，title 也给定为 CeO2-Sharp。接着在 "Phase" 选项卡中，"Add Phase" 导入 CeO2. cif 结构文件，将 "Atom type" 分别改为 "Ce" 和 "O"，Uiso 都给定初始值为 0.01。在 "Powder" 菜单中点击 "Instedit" 程序，参考图 4-66 进行仪器参数文件初始值设置。"Data type" 选择为 "CW X-ray"，

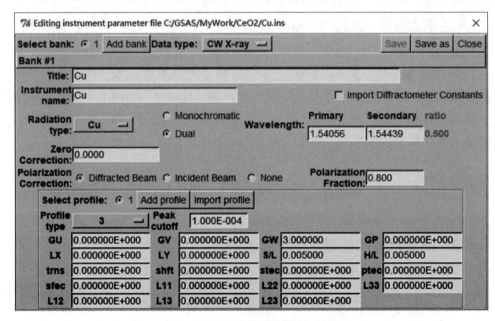

图 4-66　仪器参数文件给定初始值

"Radiation type"选择"Cu"，射线波长和强度比值保持默认。文献中未给出衍射仪的测角仪半径、射线源和探测尺寸，所以 S/L 和 H/L 都先给定为0.005，待后续修正。由于采用了石墨单色器，"Polarization Fraction"设定为0.8。"Peak cutoff"给定为 0.0001。"GW"初始值先设定为 3，后续再修正。峰形函数"Profile type"选择第 3 种为 P-V/FCJ Assym。其他参数都先给定为 0。设置完后将其"Save as"为"Cu-old. ins"。接着在"Power"选项卡中通过"Add new Histogram"分别导入"lebailsh. gsa"数据和新建的"Cu-old. ins"仪器参数文件。导入初始仪器参数文件后，在"Powder"选项卡中，将"Ratio"从 0.5 修改为 0.48，"IPOLA"从 0 修改为 1（采用了石墨单色器）。在"LS controls"选项卡中，将"Number of Cycles"修改为20（图 4-67）。

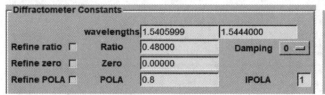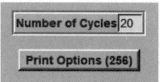

图 4-67　部分参数修改

后续的参数精修过程参考 4.1.2 部分。首先进行背底的拟合，拟合方程选择 1，多项式项数选择 8。背底拟合后，参数的修正顺序建议为："GW"、"Refine Cell"、"shft"、"LY"、Ce 原子"U"、"LX"、"GU"、"trns"、"Refine background"、氧原子"U"，取消"shft"精修勾选后，再修正"S/L"、"H/L"、"GP"以及"SH Pref Orient"等。精修完成后图谱拟合效果如图 4-68 所示，R_{wp} 值为 11.4%，R_p 为 8.28%。修正后标样的"LX"、"GP"、"LY"和"GU"四个参数数值为 1.27、0、3.8 和 0。最后保存 EXP 文件。

2. 保存仪器参数文件

在"Powder"菜单中点击"Instedit"菜单项，在跳出的窗口中选择前面建立的初始仪器参数文件打开，本示例为"Cu-old. ins"。跳出的窗口如图 4-69所示，点击"import profile"，选择标样精修后保存的 EXP 文件。打开后会显示精修后的峰形参数，接着点击"Import"，将峰形参数导入到仪器参数显示窗口，如图 4-70 所示。最后点击窗口中的"Save as"按钮，将修正后的仪器参数文件保存为"Cu-new"，过程如图 4-71 所示。

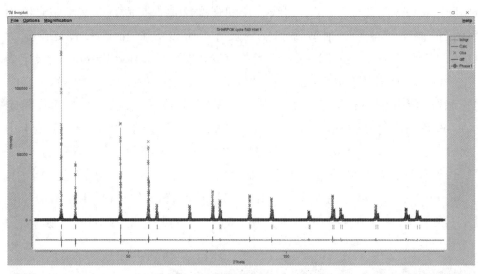

图 4-68　标样图谱的最后拟合效果

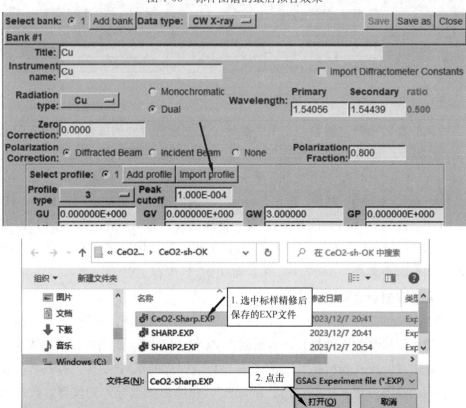

图 4-69　打开已保存的标样 EXP 文件

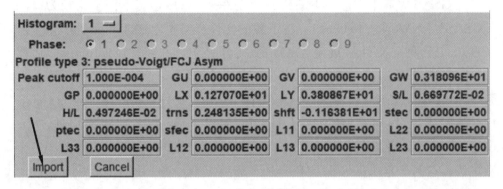

图 4-70 导入标样的峰形参数至仪器参数文件中

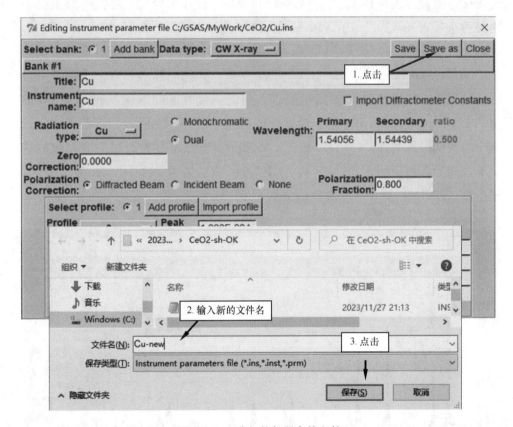

图 4-71 生成新的仪器参数文件

3. 存在峰形宽化的样品图谱精修

在 GSAS 的工作文件夹下新建一个文件夹 CeO2-Br，本例子路径为：C：\ GSAS \ MyWork \ CeO2-Br。将下载的文件夹 CeO2 中的"lebailbr. gs"和"CeO2. cif"两个文件拷贝至 CeO2-Br 文件夹中，并将"lebailbr. gs"后缀". gs"修改为". gsa"。打开 EXPGUI 后，浏览至 C：\ GSAS \ MyWork \ CeO2-Br 路径，新建一个名称为 CeO2-Br 的 EXP 文件，title 也给定为 CeO2-Br。接着导入"CeO2. cif"、"lebailbr. gsa"和新的仪器参数文件"Cu-new. ins"。导入后，在"Profile"选项卡中，将"Peak cutoff"值修改小一个数量级，本例子为 0.00001。"Powder"选项卡中，将"IPOLA"从 0 修改为 1。在"LS controls"选项卡中，将"Number of Cycles"修改为 20。接着拟合背底，拟合方程选择 1，多项式项数选择 8。背底拟合后，参数的修正顺序建议为："Refine Cell"、"LX"、Ce 原子"U"、"GP"、"LY"、"Refine background"、"GU"、O 原子"U"以及"SH Pref Orient"等。峰形参数中仅修正"GU"、"GP"、"LX"和"LY"四个参数，其他非峰形参数参数读者可自行调整顺序，使得精修 R 值满足要求。图谱拟合效果如图 4-72 所示，R_{wp} 值为 7.25%，R_p 为 5.12%。修正后宽化样品的"LX"、"GP"、"LY"和"GU"四个参数值分别为 16.45、72.46、4.48 和 0。当假定没有微观应变宽化的情况下，峰形参数只修正"LX"和"GP"时，R_{wp} 值为 7.26%，R_p 为 5.15%，修正后"LX"和"GP"参数数值分别为 16.91 和 72.21。

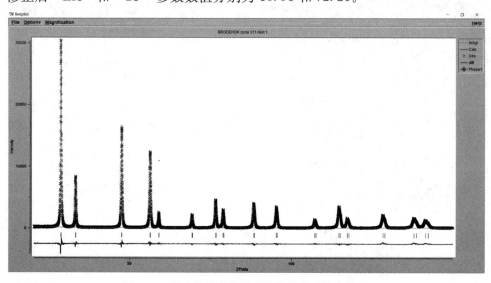

图 4-72　具有峰形宽化样品图谱的最后拟合效果

4. 利用峰形参数计算晶粒和应变大小

标样和具有峰形宽化的二氧化铈衍射谱精修后，就可以根据公式（4-5）～（4-12）逐步计算各参数。这里利用微软 EXCEL 电子表格设置一些公式来进行自动计算。EXCEL 表格设计完成后如图 4-73 所示，各个单元格的设置参考表4-1。假定只有晶粒宽化效应的情况下，即宽化样品峰形参数只修正"LX"和"GP"两个参数时，最后计算得到的晶粒大小为 22.62nm，与文献［21］中透射电镜测试结果 20.9nm 很接近。如前面所强调，参数修正顺序不同，虽然都能得到较好的精修结果，但是最后峰形参数数值组合可能有所差异，利用峰形参数计算晶粒大小和微观应变需谨慎。同一数据应进行多次修正，调整参数的修正顺序，对比每次得到结果，查看其差异程度。

		A	B	C	D	E	F	G	H	I	J
1				EXPGUI-GSAS精修峰形参数计算晶粒大小和应变							
2			峰形参数	标准样品	存在宽化样品	有效宽化	积分宽度	k值	合并后积分宽度	计算结果	
3	晶粒相关		LX	1.27	16.91	15.64	β_{SL} 24.56725	0.650718	β_S	晶粒/nm	
4			GP	0	72.21	72.21	β_{SG} 21.30044		39.0203053	22.62	
5	应变相关		LY	3.8	3.8	0	β_{DL} 0	#DIV/0!	β_D	应变/%	
6			GU	0	0	0	β_{DG} 0		#DIV/0!	#DIV/0!	
7											
8	使用说明：		1.用EXPGUI对标样的图谱进行Rietveld精修，获得LX、GP、LY和GU四个参数，填入C列中相应位置。								
9			2.采用修正后的标样峰形参数作为存在宽化样品的初始峰形参数，保持其他峰形参数不变，只修正LX、GP、LY和									
10			GU四个参数，其他修正按正常步骤修正。然后将修正后的LX、GP、LY和GU填入D列中。表格自动计算晶粒大									
11			小和微观应变大小。								
12			3.只能将数据填入相应位置，其他位置不得改变，否则计算结果可能错误。								

图 4-73　采用 EXCEL 电子表格进行计算

表 4-1　各个单元格的设置

单元格	单元格设置	单元格	单元格设置
C3(LX)	输入标样的 LX	D3(LX)	输入宽化样品的 LX
C4(GP)	输入标样的 GP	D4(GP)	输入宽化样品的 GP
C5(LY)	输入标样的 LY	D5(LY)	输入宽化样品的 LY
C6(GU)	输入标样的 GU	D6(GU)	输入宽化样品的 GU
E3(LX_{eff})	=D3-C3	G3(β_{SL})	=E3 * PI()/2
E4(GP_{eff})	=D4-C4	G4(β_{SG})	=SQRT(E4) * SQRT(2 * PI())
E5(LY_{eff})	=D5-C5	G5(β_{DL})	=E5 * PI()/2
E6(GU_{eff})	=D5-C5	G6(β_{DG})	=SQRT(E6) * SQRT(2 * PI())
H3(k_S)	=G3/G4/SQRT(PI())	H5(k_D)	=G5/G6/SQRT(PI())
I4(β_S)	=G4 * EXP(-H3 * H3)/(1-ERF(H3))	I6(β_D)	=G6 * EXP(-H5 * H5)/(1-ERF(H5))
J4(D_v)	=18000 * 0.15406/PI()/I4	J6(e)	=PI()/18000 * I6/4 * 100

4.5　利用已有 EXP 进行单个数据及批量精修

对于同一台仪器测试的多个数据，如果样品所含物相种类相同，即精修所用初始晶体结构相同，则可以利用已有精修后保存的 EXP 文件对其他单个或多个数据进行精修，比如获取物相定量、晶格常数等结果，从而提高精修的效率。

4.5.1　利用已有 EXP 进行单个数据精修

如果仅利用已有 EXP 对单个其他样品数据进行精修，可通过运行 EXPE-DT 程序替换衍射数据的方式来实现。已有的数据应准确精修并保存 EXP 文件。然后将该 EXP 文件和仪器参数文件复制至第二个需修正的数据文件夹中，采用 EXPGUI 打开该 EXP 文件，然后运行 EXPEDT 程序，输入一些命令后，将数据文件替换为第二个数据，然后进行参数精修获得结果。这里利用 CP-DW 的数据来演示。扫描书中第 134 页二维码 1 下载 CeO2-EXPEDT 文件夹，将其复制至 EXPGUI-GSAS 的工作路径中，例如 C：\ GSAS \ MyWork 中。示例文件夹 CeO2-EXPEDT 中有两个子文件：ceo2newxrd 和 ceo2oldxrd。ceo2newxrd 文件夹中已经给出了精修后保存的 EXP 文件和仪器参数文件，名称分别为："CeO2. EXP" 和 "cuka12xrd. ins"。读者可以直接采用这两个文件来练习。如果读者想对 "ceo2newxrd. gsa" 数据自行进行参数精修，可以先将这两个文件删除，再参考 4.1.1 步骤生成 EXP 和仪器参数文件，命名同样为 "CeO2. EXP" 和 "cuka12xrd. ins"。精修后把 ceo2newxrd 中的 "CeO2. EXP" 和 "cuka12xrd. ins" 两个文件拷贝至 ceo2oldxrd 文件夹中。重新打开 EX-PGUI，浏览至 C：\ GSAS \ MyWork \ CeO2-EXPEDT \ ceo2oldxrd 文件夹路径下，选择 CeO2. EXP 文件，而后点击 "Read" 将其打开，如图 4-74 所示。在 EXPGUI 的快捷按钮栏点击 "expedt" 打开 "expedt. exe" 程序，程序运行后界面如图 4-75 所示。

在程序中出现提示时，需依次输入的选项见表 4-2。如果输入命令选项处提示括号内有 "<？>" 的选项，可以通过输入 "？" 来查看每个选项的含义。输入选项后，都需要按下回车键。其中，序号 5 和序号 9 的输入选项为数字 1，序号 12 的输入选项为反斜杠 "/"，序号 6 和序号 8 输入的文件名需含有后缀，序号 10 命令行提示是否预览图谱时，需输入 "N" 不预览。当命令选项

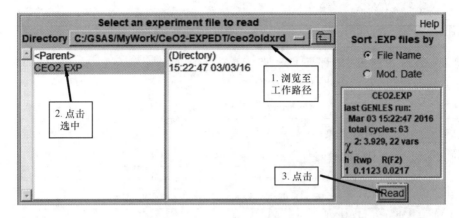

图 4-74　打开已有 EXP 文件

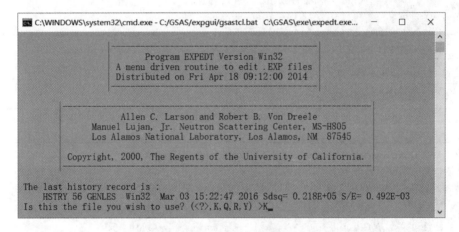

图 4-75　EXPEDT 程序窗口

都输入完毕后，窗口中提示"STOP EXPEDT terminated successfully state-ment executed"时，键盘输入任意键退出 EXPEDT 程序，其界面如图 4-76 所示。在跳出的提示窗口中，点击"Load new"完成设置。

表 4-2　EXPDET 程序中输入的命令选项

序号	提示	输入
1	Is this the file you wish to use? ($<?>$, K, Q, R, Y)	K
2	EXPEDT data setup option ($<?>$, D, F, K, L, P, R, S, X)	P
3	Select editing option for Powder data preparation ($<?>$, H, P, T, X)	H
4	Histogram data editing menu ($<?>$, E, F, I, J, L, P, R, U, X, Z)	R
5	Enter histogram to be replaced (0 for abort)	1(数字)

续表

序号	提示	输入
6	Enter raw histogram input file name ($<?>$, \$, QUIT)	ceo2oldxrd. gsa
7	Is this the correct file ($<Y>$/N/Q)?	Y
8	Enter POWDER instrument parameter file name ($<?>$, \$, QUIT)	cuka12xrd. ins
9	Enter scan number desired (<0 for list, 0 to quit)	1(数字)
10	Do you wish to preview this histogram (Y/$<N>$)?	N
11	Enter histogram data modification command ($<?>$, A, B, C, D, E, F, I, L, M, P, S, T, W, Z)	T
12	Enter new maximum 2-theta in deg. (/ if OK)	/(输入斜杆)
13	Enter histogram data modification command ($<?>$, A, B, C, D, E, F, I, L, M, P, S, T, W, Z, X)	X
14	Histogram data editing menu ($<?>$, E, F, I, J, L, P, R, U, X, Z)	X
15	Select editing option for Powder data preparation ($<?>$, H, P, T, X)	X
16	EXPEDT data setup option ($<?>$, D, F, K, L, P, R, S, X)	X

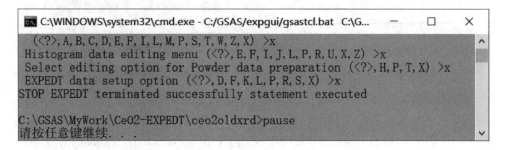

图 4-76　EXPEDT 程序窗口

运行 EXPEDT 程序替换数据文件和仪器参数文件后，需在"Powder"选项卡中核对"Ratio"和"IPOLA"是否分别为"0.5"和"1"，否则进行修改。转至"Profile"选项卡，将"S/L"、"H/L"和"trns"三个参数取消打钩待后续修正，如图 4-77 所示，否则精修容易发散。然后依次运行"pow-pref"和"genles"，精修后图谱效果如图 4-78 所示。精修后视情况勾选"S/L"、"H/L"和"trns"进行修正。

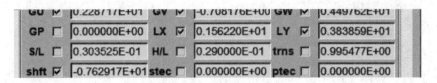

图 4-77 核对精修参数

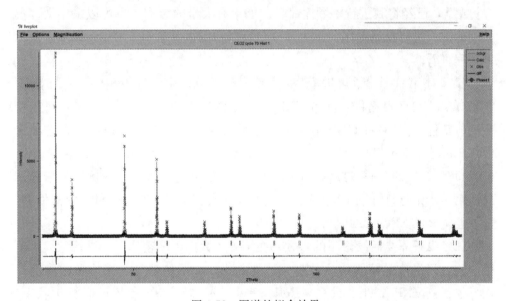

图 4-78 图谱的拟合效果

4.5.2 批量精修

采用 SEQGSAS 和 SEQPLOT 程序可以很方便地对多个数据进行顺序精修，如变温原位测试数据。首先仔细对第一个数据进行手动精修后，剩余系列数据就可以采用自动精修。每个后续的精修都以前一个数据的精修参数作为初始值。顺序精修在相继数据差异不大时精修效果较好。

批量精修首先需要数据是 GSAS 可接受的格式，如 .gsa、.gsas、.fxye

等。数据还需含有数字连续递增的文件名，且与第一个精修的数据位于同一个文件夹中。文件名可以简单命名为：0. gsa、1. gsa、2. gsa、……、100. gsa。也可以是简单的字母加数字的组合，例如：T0. gsa、T1. gsa、T2. gsa、……、T100. gsa。数据文件名越简单越好，太长的文件名可能引起精修失败。第一个精修的数据为含有数字编号为 0 的数据，把保存的 EXP 文件也命名得简单一些，如 SEQ. EXP。批量精修后，自动批量生成的 EXP 文件也为连续编号，例如：0. gsa 对应 SEQ. EXP，1. gsa 对应 SEQ _ 1. EXP，2. gsa 对应 SEQ _ 2. EXP，以此类推。对于批量精修，只能进行 Rietveld 法精修，不能用 Le Bail 法拟合。

下面以具体示例来演示批量精修的过程。通过扫描书中第 134 页二维码 1 下载 "CeO2-SEQ" 文件夹，将其复制至 GSAS 的工作路径下。文件夹中含有 6 个数据，已经将其进行了顺序命名。如果有大量的数据，也可以采用文件批处理的方式进行批量命名。批处理改名可以扫描本书第 134 页二维码 2 下载示例教程查看。

(1) 对第一个数据进行手动精修。在示例文件夹中第一个数据 "CE0. gsa" 已经过精修，获得 EXP 文件命名为 "SEQ. EXP"。读者也可以自行进行精修。需注意的是，第一个数据精修时，需将 "LS Controls" 选项卡中 "Print Options" 选择为 "Output parameter name, value, and esd to file (1024)"。其他的步骤按照常规的精修进行。如果直接采用本示例中的精修结果，第一步则是打开 EXPGUI 后，浏览至工作路径中 "CeO2-SEQ" 文件夹，选择已精修的 SEQ. EXP 打开。

(2) 设置需要后续修正的参数。在第一个数据手动精修后，进行后续批量精修前，只将需要精修的参数打钩，如晶格、原子位置等，其他参数取消打钩。本示例 EXP 文件中只将 "Refine Cell" 和 "Scale" 参数设为打钩状态。设置完毕后，需运行一下 "GENLES"。运行完毕后，任意键关闭窗口，在跳出的窗口中点 "Load New"。

(3) 批量精修。在菜单 "Calc" 中点击 "seqgsas"，跳出如图 4-79 所示 seqgsas 程序运行窗口。根据命令提示，依次按照表 4-3 输入选项。输入选项后，都需要按下回车键。精修完成后，程序提示 "SEQGSAS finished"，按任意键退出该程序。本示例精修过程十分迅速，5 个数据仅需几秒就可以完成修正。

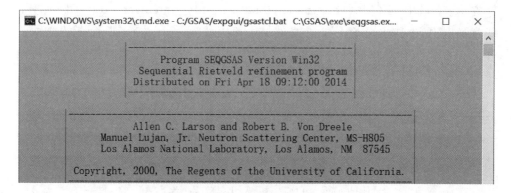

图 4-79 seqgsas 程序运行窗口

表 4-3 SEQGSAS 程序中输入的命令选项

序号	提示	输入
1	Do you want to process files in reverse order (Y/<N>)?	N
2	Enter last file to process (<CR> for all available)	CR
3	Are you ready to proceed (Y/<N>)?	Y
4	No more raw data files Do you expect more by now (Y/<N>)?	N

（4）输出结果。批量精修后，文件夹中生成顺序命名的 EXP 文件，可以用 EXPGUI 逐个打开 EXP 文件或用记事本程序打开 LST 文件查看结果，也可以通过 SEQPLOT 程序批量输出结果。在菜单 "Calc" 中点击 "seqplot"，跳出如图 4-80 所示程序运行窗口。根据命令提示，依次按照表 4-4 输入选项。如果输入选项处的提示括号内有 "<? >" 的选项，可以通过输入 "?" 来查看每个选项的含义。输入命令后，都需要按下回车键。序号 4 的输入选项为给定输出结果的文件名，可自行设定，不要输入后缀。序号 5 为退出输出。当程

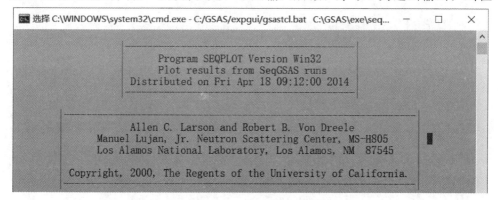

图 4-80 seqplot 程序运行窗口

序提示"STOP SEQPLOT terminated successfully statement executed",按下任意键退出 SEQPlOT 程序,在文件夹中可以找到一个"ceo2"命名的文本文件,含有 R 值和晶格常数等信息,可以将其导入至 Origin 等画图程序进行曲线图的绘制。

表 4-4　SEQPLOT 程序中输入的命令选项

序号	提示	输入
1	Enter graphic screen option ($<?>$, A, B, C, D, Z)	Z
2	Enter hardcopy option ($<?>$, A, B, C, D, E)	C
3	Enter command ($<?>$, A, L, N, P, R, S, U, X)	A
4	Enter file name for ASCII output of parameter table (no extension)	ceo2
5	Enter command ($<?>$, A, L, N, P, R, S, U, X)	X

参考文献

[1] 马礼敦. 近代 X 射线多晶体衍射——实验技术与数据分析[M]. 北京：化学工业出版社，2004.

[2] 梁敬魁. 粉末衍射法测定晶体结构(下册)：X 射线衍射在材料科学中的应用(第二版)[M]. 北京：科学出版社，2011.

[3] Young R A. The Rietveld method[M]. Oxford：Oxford University Press，1995.

[4] Will G. Powder Diffraction：The Rietveld Method and the Two-Stage Method[M]. Berlin：Springer，2005.

[5] 江超华. 多晶 X 射线衍射技术与应用[M]. 北京：化学工业出版社，2014.

[6] 张海军，贾全利，董林. 粉末多晶 X 射线衍射技术原理及应用[M]. 郑州：郑州大学出版社，2010.

[7] 黄继武，李周. 多晶材料 X 射线衍射——实验原理、方法与应用[M]. 北京：冶金工业出版社，2012.

[8] PECHARSKY V K，ZAVALIJ P Y. Fundamentals of Powder Diffraction and Structural Characterization of Materials[M]. New York：Springer US，2009.

[9] 刘粤惠. X 射线衍射分析原理与应用[M]. 北京：化学工业出版社，2003.

[10] LARSON A C，VON DREELE R B. General Structure Analysis System (GSAS)，LAUR 86-748[R]. New Mexico：Los Alamos National Laboratory，2004.

[11] TOBY R H. EXPGUI，a graphical user interface for GSAS[J]. Journal of Applied Crystallography，2001，34：210～213.

[12] GENTILI S，COMODI P，BONADIMAN C，et al. Mass Balance vs Rietveld Refinement to determine the modal composition of ultramafic rocks：The case study of mantle peridotites from Northern Victoria Land (Antarctica)[J]. Tectonophysics，2015，650：144～155.

[13] MANIK S K，PRADHAN S K. Preparation of nanocrystalline microwave dielectric Zn_2TiO_4 and $ZnTiO_3$ mixture and X-ray microstructure characterization by Rietveld method[J]. Physica E：Low-dimensional Systems and

Nanostructures，2006，33(1)：69~76.

[14] WANG X Y, LIU Z, LIAO H, et al. Deoxidisation and phase analysis of plasma sprayed TiO_2 by X-ray Rietveld method[J]. Thin Solid Films，2005，473(2)：177~184.

[15] ESPESO J I. XY2GSAS[CP/OL]. http：//www. ccp14. ac. uk/ccp/ccp14/ftp-mirror/espeso /contents. htm.

[16] 周剑平. 精通 Origin 7. 0[M]. 北京：北京航空航天大学出版社，2004.

[17] CRANSWICK L, SWAINSON I. Gsas Rietveld and EXPGUI software practicals，9th Canadian powder diffraction workshop[R]. Saskatoon：University of Saskatchewan，2012.

[18] GREY I E, Li C, CRANSWICK L, et al. Structure Analysis of the 6H-Ba (Ti, Fe^{3+}, Fe^{4+})$O_{3-\delta}$ Solid Solution[J]. Journal of Solid State Chemistry，1998，135(2)：312~321.

[19] BALZAR D, AUDEBRAND N, DAYMOND M. R, et al. Size - strain line-broadening analysis of the ceria round-robin sample[J]. Journal of Applied Crystallography，2004，37：911~924.

[20] LANGFORD J I. A Rapid Method for Analysing the Breadths of Diffraction and Spectral Lines Using the Voigt Function[J]. Journal of Applied Crystallography，1978，11(1)：10~14.

[21] SCARDI P, LEONI M. Line profile analysis：pattern modelling versus profile fitting[J]. Journal of Applied Crystallography，2010，39(1)：24~31.

[22] 葛万银，秦毅. 粉末 X 射线衍射基础以及 GSAS 精修进阶[M]. 西安：西安交通大学出版社，2023.

二维码 1　　　　　　　二维码 2